咖啡品鉴必备常识

咖啡美味手帖

日本世界文化社——编

谭媛媛——译

文汇出版社

图书在版编目（CIP）数据

咖啡美味手帖 / 日本世界文化社编；谭媛媛译. --
上海：文汇出版社，2022.1
ISBN 978-7-5496-3698-3

Ⅰ. ①咖… Ⅱ. ①日… ②谭… Ⅲ. ①咖啡–基本知识 Ⅳ. ①TS273

中国版本图书馆CIP数据核字(2022)第009435号

著作权合同登记号: 图字 09-2021-0988号

咖啡美味手帖

编　　　者	/	日本世界文化社
译　　　者	/	谭媛媛
责 任 编 辑	/	戴铮
助 理 编 辑	/	邱奕霖
装 帧 设 计	/	智勇

出 版 发 行	/	文汇出版社（上海市威海路755号 邮政编码200041）
印 刷 装 订	/	上海锦佳印刷有限公司
版　　　次	/	2022年1月第1版
印　　　次	/	2022年10月第2次印刷
开　　　本	/	787×1092　1/16
字　　　数	/	80千字
印　　　张	/	13
书　　　号	/	ISBN 978-7-5496-3698-3
定　　　价	/	88.00元

本书店铺信息中的营业时间和固定休息日可能会发生变更，请提前通过电话或主页等进行确认。

目录

咖啡美味手帖
本书的特点及使用方法

◎ 解读日本国内屈指可数的三大精品咖啡店的单品咖啡

◎ 一目了然，洞察咖啡豆的产地溯源与各大名店的烘焙火候

◎ 亲身品尝感受，帮您了解咖啡口味和香气的奥妙

◎ 咖啡巴赫(Café Bach)秘传的美味手冲咖啡调制要义

◎ 堀口咖啡教您如何挑选、研磨、储存咖啡豆

◎ 丸山咖啡为您讲解金属滤杯的特性及美味咖啡的冲泡秘诀

◎ 为您推荐咖啡巴赫、堀口咖啡、丸山咖啡的招牌组合咖啡

◎ 为您介绍全日本59家精品咖啡店及其单品咖啡、组合咖啡

◎ 干货满满的专栏，让您爱上咖啡

详细介绍三家名店提供的中南美、中东、非洲、亚洲、大洋洲各地出产的单品咖啡。

秘鲁 费斯帕农场咖啡豆

自然恩赐与严格管理造就出的令人惊叹的滋味

A surprising taste created from the gifted natural condition and the strict management.

生豆

● 卡杜拉 / 法式烘焙

从邻近厄瓜多尔边境的北部小镇何安驱车行驶两小时，便可抵达位于大山深处的小村庄埃鲁阿克村。然后，再从那里沿着车辆无法通行的险峻山路徒步行走约一小时左右，才到达最终目的地费斯帕农场。这里的农田分布在倾斜度很大的山坡上，却栽种得井然有序，田地间流淌着水量充沛、清澈见底的小溪。在严格按定量间种的遮光树木之下，一排排咖啡树茁壮生长。受惠于大自然恩赐的优厚自然条件和农场基于多年经验积累的严格管理规则，农场培育出了口味绝佳的优质咖啡。以下我们就来介绍他们出产的波旁与卡杜拉品种的咖啡豆。

品尝感受 *TASTING REVIEW*

Bourbon/City Roast
波旁 / 城市烘焙

蜜橘般明快的酸味、十足的浓缩感，纯净而又高级、越回味越柔和的口感。

Cattura/French Roast
卡杜拉 / 法式烘焙

恰如其分的厚重感，唇齿留香、令人不舍得下咽的淋漓质感。兼具明快的特点与极佳的中和感。

✤ 农场主：威尔达·加尔西亚先生 ✤ 地区：卡哈马卡大区何安郡乌瓦巴鲁地区埃鲁阿克近郊 ✤ 海拔：1700-2000 米
✤ 品种：波旁、卡杜拉 ✤ 精制方法：水洗法

简要介绍咖啡豆的特性和口味特点。附英文对照。

体现单品咖啡独有特性的图片及生豆实物的原尺寸图片，可以一目了然地了解各种生豆的颜色、形状及大小。

扼要介绍三大名店与生产者和农场的渊源及农场的历史等。了解咖啡豆的特点及其产地和生产者，更能激发您对咖啡豆的兴趣。力求以通俗易懂的方式介绍您感兴趣的单品咖啡。

品尝感受
轻松了解三大名店实际出售的单品咖啡的烘焙火候，详细解说它们的口味、香气，实地感受单品咖啡的奥妙所在。

有关产地、农场、品种和精制方法的基本信息。

每天，
都想品尝一杯
真正美味的咖啡

咖啡豆、优质店铺、邂逅烘焙高手、器具与萃取之道……享受咖啡之乐的无数种可能。

品尝一杯真正美味的咖啡。一旦体验过那种香气、口感、味道与袅袅余韵,便不由得想要了解更多、品尝更多。每一杯咖啡,都经历了无数道工序和无数人的手才与你相遇。在原产国的农场,咖啡豆要历经培育种植、收获、精制、筛选、品质管理、运输与储藏等诸多工序才得以制成,之后还要在咖啡店里经过烘焙与萃取,才成为您杯中的美味。而所谓"最好的咖啡",是那些从事咖啡生产的人们借助独有的方法与经营哲学,秉承将每道工序都做到尽善尽美的理念,力求创造出最佳口味的所有热情和努力的结晶。

2000年前后,精品咖啡(Specialty Coffee)风靡全球。所谓精品咖啡,主要指包括以下特点的高品质咖啡:如明确的产地可追溯性、在杯评测试中获得广泛认可的香味、所属产地和品种独有的突出特点、较低的缺陷豆比例,等等。2003年日本精品咖啡协会(SCAJ)成立以来,一直致力于推动高品质咖啡在日本的普及和相关知识技术的传播,并希望借此培育日本的"咖啡文化"。

如今,日本不仅从全球进口最高品质的咖啡豆,还诞生了许多优秀的咖啡与咖啡豆专营店、咖啡烘焙达人。前往自己喜爱的咖啡店,一面与店员谈天说地,一边选购咖啡豆或寻找自己心仪的口味,俨然已成为人们新的生活乐趣。而即便您身边尚未开设这样的店铺,仍可以通过邮购的方式来挑选全国各地名店出产的咖啡豆。在本书中,我们将向您介绍咖啡巴赫(Café Bach)、堀口咖啡、丸山咖啡等引领世界精品咖啡潮流的知名店铺。

买到优质的咖啡豆之后,谁不想迫不及待地亲自开始动手研磨和冲泡呢?然而,应该使用什么样的冲泡器具、需要研磨成多大的颗粒才最为适宜?又该如何确定咖啡粉的用量、加水量、冲泡时间和冲泡量呢?哪一种储藏方法才能保持咖啡豆的新鲜度呢……咖啡的世界深邃奥妙,享受咖啡之乐的方式也无穷无尽。每天来上一杯真正美味的咖啡,会让心灵变得丰富起来,而平淡的每一天,也仿佛散发出熠熠的光彩。

烘焙、精制、产地、品种……
寻找美味的咖啡，你需要了解的咖啡常识

商家在选择咖啡豆时主要的标准是什么？
店内展示的有关咖啡豆的信息，最应该关注的是哪些？
了解这些知识，您会更轻松地了解自己对于咖啡的喜好，
下次选购咖啡豆时也会更加胸有成竹。
在这里，我们将向您介绍一些最基础的咖啡常识。

Roast/ 烘焙

对咖啡的香气影响最大的是咖啡豆的烘焙火候。
从最轻度的烘焙 (Light) 到最深度的意式烘焙
（Italian）之间，咖啡的烘焙火候共可分为 8 个
级别（详情参照 12—13 页）。通常来说，烘焙程
度较浅的咖啡豆酸味较强，而烘焙较深的则苦
味更浓。自家进行生豆烘焙的店铺或烘焙达人
会根据生豆的属性、特点选择最适宜的烘焙火
候。而即便是同一种生豆，也会因烘焙火候的
差异产生完全不同的香味。

堀口咖啡使用的烘豆机。

Processing/ 精制

将咖啡果实制成生豆的工序称为精制。收获咖
啡果实后，农场一般会以各种方式将其加工成生
豆。常见的精制方法包括：经过自然干燥后脱壳、
去除果肉和内果皮的日晒法 (Natural)；先将咖啡
果实浸入水槽，洗掉杂质和异物后再去除果肉，
继而通过发酵的方法溶解掉果胶（黏液质），并再
次进行水洗、脱壳的水洗法（Wash）；以及在去除

果肉但保留内果皮（即俗称的"羊皮纸咖啡豆"）
的状态下将咖啡豆烘干，继而进行脱壳的湿刨法
(Pulped Natural)，等等。一般来说，通过日晒法精
制而成的生豆具有较高的甜度、醇度和独特的浓
烈香气，水洗法加工出的豆子则带有洁净感十足
的新鲜的酸度，而湿刨法产出的咖啡豆的味道介
于两者之间，具有恰到好处的酸度和醇厚感。

Location/ 产地

即有关出产咖啡的国家、地区、农场 / 加工处理地的相关资讯。各产地的咖啡种植条件因日照、降雨量、土壤等各不相同，其中最重要的因素是咖啡种植地的海拔。在相同纬度下，海拔越高的地区出产的咖啡豆质量越高。一般而言，高海拔地区出产的咖啡豆酸度较高，味道饱满、口感圆润。而低海拔地区出产的咖啡豆则酸度较低，具有某种类似坚果或谷物的味道。说到酸度，虽然也会受到纬度的影响，但总体而言，低海拔地区的咖啡豆偏向于单纯明快的柑橘类，而高海拔地区则会孕育出各种类别的复杂而又奥妙的味道。危地马拉、墨西哥等地出产的咖啡豆就因其海拔高度而被认定为极硬豆（SHB: Strictly Hard Bean）或高地豆（SHG: Strictly High Grown）等。

Variety/ 品种

主要分为阿拉比卡和卡内弗拉（罗布斯塔）两个品种。咖啡专营店中出售的大多为阿拉比卡品种的咖啡豆。在阿拉比卡大家族中，又包括波旁（Bourbon）、铁皮卡 (Typica)、卡杜拉（Caturra）、帕卡玛拉（Pacamara）、瑰夏 (Geisha)、新世界（Mundo novo）、爪哇尼卡 (Javanica) 等细分品种。从香气来说，波旁品种以较为平衡的浓度和酸度以及甜度取胜；铁皮卡品种则拥有细腻的、充满奶香味的酸度与甜度；帕卡玛拉品种带有淡淡的花香与厚重的醇度；瑰夏品种则充满了花卉或香水的香气。在其他品种中很难找到像瑰夏那么独具特色的豆子，除非是极上等的精品。

危地马拉"桑塔卡塔丽娜农场"种植的波旁咖啡豆。

南北回归线之间的"咖啡种植带"
是咖啡的主要出产地

全球咖啡产地主要集中于位于南北纬25度的南北回归线
之间，被称为"咖啡种植带"。适宜种植咖啡的地区不仅要
位于热带，还必须是海拔500-2500米的高原或山区。一
年四季，在南美、中美洲、非洲、亚洲、大洋洲等主要产区都
会收获咖啡，但各地的收获季节却各不相同。在哥伦比亚
和肯尼亚等国，因为每年有两次雨季，咖啡也因此能一年
两收。

咖啡种植带覆盖了横跨赤道的
南北纬25度之间的地区

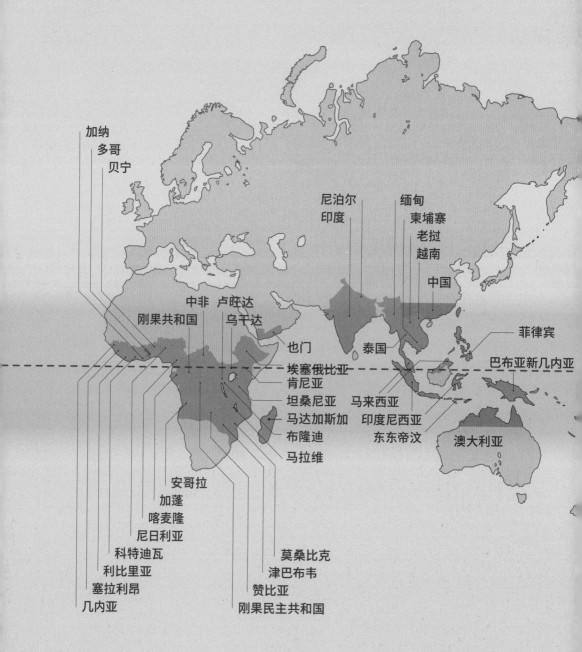

加纳
多哥
贝宁

尼泊尔
印度

缅甸
柬埔寨
老挝
越南

中国

中非 卢旺达
刚果共和国
乌干达

也门

泰国

菲律宾

巴布亚新几内亚

埃塞俄比亚
肯尼亚
坦桑尼亚
马达加斯加
布隆迪
马拉维

马来西亚
印度尼西亚
东东帝汶

澳大利亚

安哥拉
加蓬
喀麦隆
尼日利亚
科特迪瓦
利比里亚
塞拉利昂
几内亚

莫桑比克
津巴布韦
赞比亚
刚果民主共和国

夏威夷

危地马拉

古巴
牙买加
洪都拉斯

多米尼加共和国
海地
尼加拉瓜

北纬25度

墨西哥
萨尔瓦多
哥斯达黎加
巴拿马

巴西

厄瓜多尔
哥伦比亚

秘鲁
玻利维亚
巴拉圭

赤 道

南纬25度

ROAST
烘焙

烘焙的火候影响咖啡的香气、口感和味道
决定咖啡香气的最重要因素就是咖啡豆的烘焙

决定咖啡的香气、口感和味道等的最关键因素是咖啡豆的烘焙火候。浅烘焙的咖啡豆会散发出果香或花香，深度烘焙则会激发出类似香草、坚果与巧克力的香气。从口感上说，浅烘的豆子口感清淡，酸味略重；深度烘焙后则口感顺滑，苦味更浓。根据豆子本身的品种不同，有些豆子在经过深度烘焙后反而会迅速失掉其味道，所以，烘焙时需要充分了解豆子的类别与特点，才能最大限度地挖掘出不同豆子的魅力和特色。

从事自家烘焙咖啡豆的咖啡专卖店、咖啡豆店铺和烘焙家们都会依照自己对咖啡豆的了解、经营哲学和手法进行烘焙。而即使是同一品种的豆子，因烘焙火候也会造就出完全不同口感的咖啡。因此，人们都喜欢寻找与自己具有相同口味偏好的咖啡店铺或烘焙达人。此外，将同一种豆子以不同的火候进行烘焙调制，尝试因此而产生的口味变化，也是享受咖啡的一大乐趣。

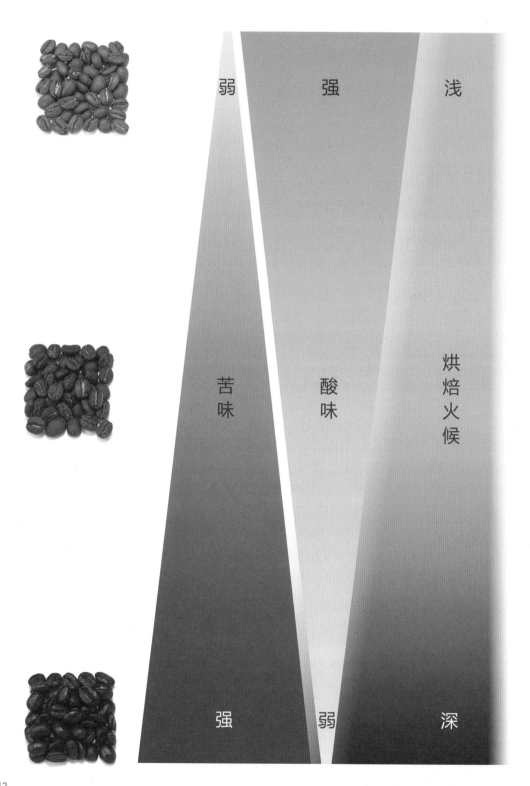

弱　　　　　強　　　　　浅

苦味　　　　酸味　　　　烘焙火候

強　　　　　弱　　　　　深

浅度烘焙（Light）

最浅程度的烘焙。完成后的豆子颜色为类似浅黄色的小麦色。香气、浓度都十分浅淡，基本不用于销售。

肉桂烘焙（Cinnamon）

浅度烘焙。烘焙后的豆子呈淡淡的茶色。虽然口味清爽，但酸味较强，市场上也不多见。

中度烘焙（Medium）

烘焙后的豆子接近栗子皮的颜色。酸味较强，几乎没有苦味，也被称为美式烘焙。

深度中烘（High）

烘焙后的豆子呈浓茶色。在充分保留酸味的同时，苦味也散发出来，具有良好的中和感。

城市烘焙（City）

浅度的深烘，烘焙后的豆子为巧克力色，苦味与浓度的平衡恰到好处，口感和回味也很丰富。

中度深烘（Full City）

烘焙好的豆子颜色接近黑茶色。酸味减弱，苦味增加。层次丰富，口感浓厚。

法式烘焙（French）

深度烘焙。烘焙后的豆子为黑巧克力色，浓度扎实，带有柔和的苦味与甜美的余味。

意式烘焙（Italian）

烘焙的极限。烘焙后豆为纯黑色，苦味显著，豆子的风味已很难分辨，主要用于调制意式特浓和卡布奇诺咖啡。

Single Origin
单品咖啡

想体验一下特定农场的独有品种吗?

单品咖啡的乐趣在于能够体验到来自世界各地农场的独有品种的味道。与某个遥不可知的农场和它独有的味道不期而遇,感动于那种美好的口感,也会油然产生出探索来自更多国家、地区和农场的美好滋味的愿望。

不过,单品咖啡的品种繁多,往往会让新入门的咖啡爱好者觉得眼花缭乱,难以选择。而且,产区的地理分布也使得各种咖啡的收获期各不相同,纵然对其心向往之,普通消费者也难得入手一试。

另一方面,各家咖啡专营店也都以销售自家的组合咖啡为主,这些组合咖啡几乎可以被看做是店家的"招牌"商品。一旦某种单品咖啡被店家选为"组合咖啡"之用,便会成为专供店铺的独家商品,不再对外供货。

Blended Coffee
组合咖啡

想试试店家视为"招牌"的味道吗?

然而,为了开发出广受消费者欢迎且质量稳定的组合咖啡,店家也必须树立明确的商品概念,并深入了解组合中各种原材料的背景知识。从一家店铺的组合咖啡中,大致可以推断出这家店铺的实力。

对于不知究竟该尝试哪种单品咖啡的入门级爱好者而言,建议您先从自身喜爱的名店中选择几种组合咖啡进行品尝。找到自己喜欢的口味后,便可以尝试同款组合咖啡所使用的咖啡豆,进一步了解自己的喜好所在,并逐渐积累相关知识。各个店铺对于自家的组合咖啡都会提供十分详尽的说明,购买时不妨作为参考。

交替品尝单品咖啡与组合咖啡,您会感受到越来越丰富的咖啡的乐趣。

了解单品咖啡

single Origin
单品咖啡

1968 年开业、被视为日本精品咖啡先锋的"咖啡巴赫（Café Bach）"，秉承独特的经营哲学开拓咖啡新世界的"堀口咖啡"，如今在咖啡行业名声赫赫的"丸山咖啡" —— 对这些名店而言，员工亲赴产地甄选生豆自不必说，店内还会推出各家自有的专属种植园培育的独家单品咖啡。结合店铺高超的烘焙技术，这些独家单品咖啡往往成为市场上独一无二的顶级精品。

Cafe Bach's
Single Origin Coffee

咖啡巴赫的单品咖啡

在精品咖啡的概念尚未出现以前，咖啡巴赫就已开始
供应多种单品咖啡。这一经营哲学来自于店主田口护
先生的独特理念，即"希望尽可能地认识更多种类的
咖啡"。

田口先生认为，单品咖啡是咖啡生产者与烘焙者的
协同合作，也就是基于人与人之间的相互联系。他坚
信，两者之间的纽带越紧密，就越能创造出真正的单
品咖啡。

咖啡巴赫单品咖啡所用的咖啡豆的主要产地

中东·非洲	亚洲·大洋洲	中美洲		南美洲
也门	印度	危地马拉	尼加拉瓜	秘鲁
肯尼亚	印度尼西亚	萨尔瓦多	多米尼加	哥伦比亚
埃塞俄比亚	巴布亚新几内亚	巴拿马	牙买加	巴西
马拉维		哥斯达黎加	海地	
坦桑尼亚				
乌干达				

印度APAA咖啡豆

印度的大自然孕育出的独特而爽快的味道

An inimitable refreshing taste produced in the great nature of India.

生豆

☀ 意式烘焙

布鲁克林农场的生豆精制现场。

提起印度，人们或许最容易想到那里出产的红茶。然而，实际上，印度种植咖啡的历史也相当久远。在印度出产的咖啡豆中，以品级最高而著称的当属India APAA(阿拉比卡AA：Arabica Plantation AA)。其出产地布鲁克林农场位于印度高原的浓密森林之中，在严酷的自然环境下培育出的咖啡豆以温和的苦味和悠长而独特的口味著称。

品尝感受 TASTING REVIEW

Italian Roast
意式烘焙

柔和而清爽的苦味。此外还能感受到香料的味道与安详沉稳的墨香。最适宜调配欧洲风格的意式特浓咖啡。

 ☀ 地区：印度中部 Shivaroy 地区　☀ 农场：布鲁克林农场　☀ 海拔：1400-1500 米　☀ 品种：多品种混合
☀ 精制方法：水洗法　☀ 干燥方法：室内干燥

肯尼亚 AA 咖啡豆

在欧洲知名度最高的顶级咖啡豆

The highest rank coffee beans with the no doubt reputation in Europe.

生豆

 意式烘焙

海拔 1700-1800 米的种植地。

被誉为世界最优良品质的咖啡豆之一的"肯尼亚AA"咖啡豆。在其基础上,采用人工挑选而甄选出的生豆更被称为"超AA级"咖啡豆。咖啡巴赫四十多年前就开始从这里采购咖啡豆,是日本公认的咖啡行业的拓荒者。他们在肯尼亚山周边的各个产区严格筛选最优质的生豆,只限定极小批量精品进行采购。咖啡巴赫店中早期出品的咖啡豆,是对原本以浅度烘焙后散发出柑橘系的清香为主要特点的生豆,经过深度烘焙形成层次丰富的口感而著称。

品尝感受 *TASTING REVIEW*

Italian Roast
意式烘焙

浓厚的口味、饱满的甜度。经过深度烘焙后,在苦味之外还保留了充分的酸味。以手冲的方式略微加大浓度进行充分萃取后的效果最佳。

 ☀ 地区: 肯尼亚　☀ 农场: Kiamariga 农业协会下属的种植园　☀ 海拔: 1700-1800 米
☀ 品种: SL (Scott Laboratories) 27　☀ 精制方法: 水洗法　☀ 干燥方法: 非洲高架床自然晾晒

埃塞俄比亚 西达摩 W 咖啡豆

在咖啡发源地种植和精制而成的上等水洗豆

A high quality washed beans grown and purified by the land of the production center.

生豆

法式烘焙

非洲的埃塞俄比亚被誉为咖啡的发祥地。在这片咖啡的原生之地上，自17世纪创造出发达的烘焙技术以来，人们一直延续着饮用咖啡的传统。位于埃塞俄比亚南部的西达摩地区水源丰富，更具有广阔的适用于进行水洗筛选加工的倾斜地貌，是进行水洗法精制的不二之地。这里出产的咖啡豆质地细密、耐火性好，经过深度烘焙后风味绝佳。

在室内晾晒咖啡豆。

品尝感受 TASTING REVIEW

French Roast　绝佳的酸味与醇厚的浓度、令人愉悦的花香。
法式烘焙

☀ 地区: 埃塞俄比亚西达摩地区　☀ 农场: 西达摩农业协会下属的种植园　☀ 海拔: 1600-1700 米
☀ 品种: 本地原生品种　☀ 精制方法: 水洗法　☀ 干燥方法: 室内晾晒

秘鲁 塞克巴萨咖啡豆

秘鲁顶级高品质产区出产的咖啡豆之一

A product of the Peru's leading high quality coffee production center.

生豆

法式烘焙

产自秘鲁东南部与玻利维亚交界处的普诺 (Puno)，塞克巴萨(Cecovasa)是当地咖啡种植协会的简称。原先居住在海拔3800米的的的喀喀湖(Lake Titicaca)区的阿依马拉族印第安人移居到桑迪亚溪谷后，便开始在当地种植咖啡豆。高原栽种的咖啡豆果实致密、颗粒较大，具有柔和的酸味。此外，当地独特的种植方法也为它增添了些许异国情调的风味。

塞克巴萨的仓库。

 品尝感受 *TASTING REVIEW*

French Roast
法式烘焙

恰到好处的苦味与酸味的平衡。麦芽酒的口感中带有些许香料的味道。通常采用深度烘焙。

 ❋ 地区: 普诺 (Puno) 地区　❋ 农场: 塞克巴萨下属的种植园　❋ 生产者: 桑迪亚溪谷地区的小农户
❋ 海拔: 1300-1700 米　❋ 品种: 铁皮卡、卡杜拉　❋ 精制方法: 水洗法

马拉维 维菲亚咖啡豆

醇厚朴素的传统非洲的味道

A thick yet a simple taste delivered from the traditional land of Africa.

生豆

法式烘焙

正式的名称为马拉维·菲力鲁阿·维菲亚咖啡豆。马拉维是位于莫桑比克与利比里亚之间的小国，菲力鲁阿在当地语言中意为"山花"。该国北部的维菲亚位于海拔1600米、覆盖着茂密森林的高原地区，是传统的咖啡种植区，这里收获的咖啡豆以味道醇厚质朴而闻名。建议采取较高浓度的萃取方式获得更为厚重扎实的风味为佳。

收获后手工筛选咖啡豆的人们。

品尝感受 TASTING REVIEW

French Roast　巧克力般的醇厚中带有柔和的酸味。口感顺滑。
法式烘焙

 ☀地区: 维菲亚高原　☀农场: Mzuzu 农业协会下属种植园　☀海拔: 1600 米
☀品种: 波旁等　☀精制方法: 水洗法　☀干燥方法: 非洲高架床自然晾晒

自然丰饶的维菲亚地区乡村景色。

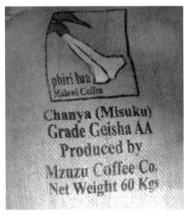

phiri lua
Malawi Coffee

Chanya (Misuku)
Grade Geisha AA
Produced by
Mzuzu Coffee Co.
Net Weight 60 Kgs

上图：位于非洲东南部的马拉维是一个国土面积
20% 为湖区（马拉维湖）的国家，四周为坦桑尼亚、
赞比亚、莫桑比克等国家所环绕，接近咖啡种植带的
最南端。即使在 5-8 月的干冷季节，当地的气温也在
17~27 摄氏度之间，十分适于居住。这个国家在最近
15 年间逐渐发展为咖啡生产国。

左图：马拉维农业协会下属的卡郎戛村的孩子们。
右图：瑰夏品种的 AA 级咖啡豆包装袋。

苏门答腊 曼特宁"蓝色巴塔克"咖啡豆

苏门答腊独有的精制法产出的香甜风味

A sweet flavor only made possible by the original purification of Sumatra.

生豆

☀ 中度深烘

特指在苏门答腊岛中心偏北的托巴湖周围、海拔1300–1500米的高原地区培育出的咖啡豆。因种植者多为巴塔克族的原住民，而被命名为"蓝色巴塔克"。这里以"苏门答腊式"的独特水洗法精制而成的生豆，带有类似山莓的独特甜香，咖啡巴赫采用中度深烘的方式激发出它的香甜魅力。

在有顶的大棚内晾晒咖啡豆。

品尝感受 TASTING REVIEW

Full City
中度深烘

主体口感香甜，带有山莓香的风味，更有些许香料的味道。

 ☀ 地区: 印度尼西亚苏门答腊岛 Lintong 产区 ☀ 农场: 当地的小农户 ☀ 海拔: 1300-1500 米
☀ 品种: 铁皮卡、仁伯（Jember）等 ☀ 精制方法: 苏门答腊水洗法 ☀ 干燥方法: 室内晾晒

哥伦比亚 苏帕摩塔米娜咖啡豆

以绝佳的浓度与酸味著称的稀有精品

A rare specialty of a unique high quality sourness and full body taste.

生豆

☀ 中度深烘

哥伦比亚西南部、邻近厄瓜多尔的纳里诺 (Narino) 省塔米娜 (Taminango) 地区,是位于胡伊拉火山(Nevado del Huila) 周边海拔 1800 米的高原。这里虽地处偏僻,却以出产优质的咖啡豆而闻名。当地坚持采用传统的栽培方式和自然干燥的制作工艺,更使这里出产的咖啡香气馥郁、浓度醇厚。尽管如此,咖啡巴赫仍坚持只选用其中成熟度高、颗粒较大的生豆,并通过中度深烘,完美地激发出其绝妙的酸味。

纳里诺省塔米娜地区风光。

品尝感受 *TASTING REVIEW*

Full City
中度深烘

醇厚的浓度、绝妙而华丽的酸味。带有柑橘或菠萝香气的风味。

☀ 地区: 塔米娜地区　☀ 农场: 帕斯托　☀ 海拔: 1800 米
☀ 品种: 卡杜拉、卡杜艾 (Catuai)、卡斯提优 (Castillo)　☀ 精制方法: 水洗法　☀ 干燥方法: 自然晾晒

危地马拉 SHB孔波斯特拉咖啡豆

咖啡巴赫一手打造的精品咖啡代表之作

The representative of the specialty spread by CAFÉ BACH.

生豆

中度深烘

在与墨西哥交界处的山岳地区，当地生产者们在严酷的自然环境中小心翼翼地培育出危地马拉孔波斯特拉咖啡豆。由咖啡巴赫在全球率先推出后，这款豆子至今仍是精品咖啡中的代表性产品。孔波斯特拉，在当地语言中意为"繁星原野"，由咖啡巴赫的创办者田口护先生命名后，成为特指该地区出产的咖啡豆的名称。其中巧妙地混杂了波旁等阿拉比卡品种，具有充满可可风味的绝妙酸味。

孔波斯特拉农场的标志。

品尝感受 *TASTING REVIEW*

Full City Roast
中度深烘

兼具上等的酸味、醇厚与香气，具有强烈的可可风味。余味中又能感受到淡淡的新鲜香料的气息。

◆ 地区: 薇薇特南果 (Huehuetenango) 地区　◆ 农场: 波尔撒　◆ 海拔: 1700-1800 米
◆ 品种: 波旁等　◆ 精制方法: 水洗法　◆ 干燥方法: 自然晾晒

收获成熟的孔波斯特拉咖啡果实。

上图: 种植孔波斯特拉咖啡豆的农场主人与他的家人。

左图: 水洗法精制所用的水渠。

巴布亚新几内亚AA级咖啡豆

来自苦味与酸味"绝妙平衡"的岛屿咖啡

An "Island coffee" with an exquisite balance of bitterness and sourness.

生豆

中度深烘

新几内亚岛的山地地区中收获的最上等的咖啡豆。因气候潮湿，当地出产的咖啡豆带有不同于大陆地区的顺滑而又恰到好处的酸味。此外，由于地处蓝山与印尼曼特宁地区之间，豆子的口味和香气也颇为出众。经过中度深烘后，深受日本人喜爱的焦糖般的微苦味道也有所增强，但咖啡巴赫选择了浅度深烘，以便激发豆子原有的绝佳酸味。

巴布亚新几内亚出产的咖啡豆包装袋。

品尝感受 TASTING REVIEW

Full City
中度深烘

醇厚的酸味、微苦的甜味。极佳的风味与香气。余味中带有新鲜香料的气息。

 ☀地区: 新几内亚芒特哈根 (Mount Hagen) 地区 ☀农场: Kigabah 种植园 ☀海拔: 1600 米 ☀品种: 铁皮卡、波旁等
☀精制方法: 水洗法 ☀干燥方法: 自然晾晒

坦桑尼亚 AA级阿仙蒂咖啡豆

柔润的口感、充满果香的魅力

An attractive aroma of fruitiness and soft flavor.

生豆

☀ 中度深烘

产自坦桑尼亚南部的小型农场"奇力咖啡（KILI CAFE）"种植园的特别定制版咖啡豆。"阿仙蒂"在斯瓦西里语中意为"感谢"，由咖啡巴赫的老板田口护先生亲自命名，以表达对当地农人的感谢之情。相比乞力马扎罗山脉周边地区出产的其他坦桑尼亚咖啡豆，这款豆子口感更为顺滑，更带有虽不强烈却恰到好处的果香。

去除咖啡果实的果肉。

 ## 品尝感受 *TASTING REVIEW*

Full City
中度深烘

丰富的酸味和类似柑橘的果香。醇度、中和感俱佳。

 ☀ 地区：坦桑尼亚南部姆贝亚 (Mbeya) 地区　☀ 农场：奇力咖啡种植园　☀ 海拔：1700 米
☀ 品种：波旁等　☀ 精制方法：水洗法　☀ 干燥方法：非洲高架床自然晾晒

卢旺达 尼鲁西撒咖啡豆

著名种植园出产的神秘的"酸中带甜"的丰饶之味

A rich taste of sweetness peeking out of sourness from the distinguished farm.

生豆

☀ 城市烘焙

卢旺达,自然丰饶、群山环抱的"千山之国"。位于该国西南部、海拔1700米的尼亚马加贝(Nyamagabe)地区盛产优质的咖啡豆,被以当地农协的名字命名。在卢旺达的咖啡选评比赛中,该地区出产的咖啡每每名列前茅,因此也使当地成为名声远扬的知名产区。这里出产的咖啡豆具有柔滑而微甜的酸味、醇厚的浓度,以及柑橘、间或类似黄糖或血橙香气的味道。

尼鲁西撒农协的种植园。

品尝感受 TASTING REVIEW

City Roast
城市烘焙

柔滑的酸味、饱满的醇度和柑橘系的清香。

 ☀地区: 尼亚马加贝 (Nyamagabe) 地区 ☀农场: 尼鲁西撒农协 ☀海拔: 1700 米 ☀品种: 波旁 ☀精制方法: 水洗法
☀干燥方法: 非洲高架床自然晾晒

巴拿马 唐帕奇瑰夏日晒豆

有如成熟的红酒般醇厚的极品日晒豆

Nonpareil natural of heavy taste to hark back to maturational wine.

生豆

被称为咖啡研究所的农庄。

"巴拿马唐帕奇瑰夏日晒豆"可称得上是咖啡巴赫的镇店之宝。在"Best Of Panama"日晒豆类评比中，它永远是光芒四射的冠军品种。这款由波奎特地区的唐帕奇农庄采用罕有的纯天然精制法制成的瑰夏品种咖啡豆，因其洗练精华、上等醇厚的口感，常常使人联想到成熟的高级葡萄酒的味道。热爱咖啡的人，绝对有必要前往咖啡巴赫店中亲口品尝。

品尝感受 *TASTING REVIEW*

City Roast
城市烘焙

典雅华丽的醇厚口感，成熟水果的香气。类似红葡萄酒的风味。

☀ 地区：波奎特地区　☀ 农场：唐帕奇农庄　☀ 生产者：弗朗西斯科·塞拉辛先生　☀ 海拔：1500 米
☀ 品种：瑰夏　☀ 精制方法：日晒法　☀ 干燥方法：自然干燥

巴拿马 唐帕奇瑰夏 W 咖啡豆

果酸塑造出的独特的香槟味道

A unique Champaign taste with a twist of a fruity sourness.

生豆

☀ 城市烘焙

这款豆子是"巴拿马唐帕奇瑰夏日晒豆"的水洗法精制版。即使在其原产地埃塞俄比亚,"瑰夏"品种的栽种数量也极为稀少,在巴拿马则更是只有唐帕奇农庄独家栽种的稀有珍品。咖啡巴赫通过城市烘焙,在它原有的花香甜美的味道中又提炼出清新的柑橘类酸味。如果说"巴拿马唐帕奇瑰夏日晒豆"让人联想到葡萄酒的话,巴拿马唐帕奇瑰夏W咖啡豆则更具有高级香槟的风味。

田口护先生与唐帕奇庄园主人的儿子。

品尝感受 *TASTING REVIEW*

City Roast
城市烘焙　　洗练的口感与上等的醇度。清脆爽快的酸味。

 ☀地区: 波奎特地区　☀农场: 唐帕奇农庄　☀生产者: 弗朗西斯科·塞拉辛先生　☀海拔: 1500 米　☀品种: 瑰夏
☀精制方法: 水洗法　☀干燥方法: 自然干燥

弗朗西斯科先生被称为巴拿马瑰夏之父，人们昵称他为"唐·帕奇"，其中"帕奇"是弗朗西斯科这个名字在当地语言的略称之一。
田口护先生始终坚持从弗朗西斯科先生的农庄采购巴拿马代表性的瑰夏品种咖啡豆。

萨尔瓦多 帕卡玛拉咖啡豆

极为罕有的杂交品种大粒咖啡豆

A large sized beans of a very rare hybrid seed.

生豆

☀ 城市烘焙

在距离首都圣萨尔瓦多市以东50公里的圣文森特市，有座种植"萨尔瓦多·帕卡玛拉"的埃鲁·卡鲁曼农场。据说农场的主人曾担任过萨尔瓦多的总统。"帕卡玛拉"是将波旁的一个变异品种"帕卡斯(Pacas)"与大型种子的稀有品种玛拉戈吉佩(Maragogipe)杂交后培育出的特殊品种，也是在其他地方难得一见的珍品。

咖啡种植园里的女工。

 品尝感受 *TASTING REVIEW*

City Roast
城市烘焙

混合着花香和甜味的坚果味道，具有余味绵长的突出特点。

 ☀ 地区: 圣文森特市 ☀ 农场: 埃鲁·卡鲁曼农场 ☀ 海拔: 1400 米 ☀ 品种: 帕卡玛拉
☀ 精制方法: 水洗法 ☀ 干燥方法: 自然晾晒

哥斯达黎加 PN 典雅蜜糖咖啡豆

充满蜜糖口味的纤巧湿刨豆

A delicate Pulped Natural with a honey taste.

生豆

☀ 深度中烘

产自哥斯达黎加西部、以工厂的女总裁之名命名的湿刨豆(Pulped Natural)。因采用了将留有果胶的内果皮直接进行干燥的湿刨法精制而成，这款咖啡豆带有蜂蜜般的香甜口味，被冠以"典雅蜜糖"的名字。由于咖啡果实极易腐烂，其精制过程也颇费周章，属于比较纤巧脆弱的品种。在咖啡巴赫，还可以品尝到由这个品种特别调配的"Red Honey(红色蜜糖)"款咖啡。

田口护先生与格瑞斯女士。

品尝感受 *TASTING REVIEW*

High Roast
深度中烘

枫糖浆和蜂蜜风味的柔滑感、饱满的醇度，令人联想到曲奇的风味。

☀ 地区:哥斯达黎加西部西谷地区　☀ 农场:罗马斯·阿鲁·里奥农场　☀ 生产者:格瑞斯·梅娜女士　☀ 海拔:1600-1700 米
☀ 品种:卡杜拉、卡杜艾　☀ 精制方法:湿刨法　☀ 干燥方法:自然干燥

巴拿马 唐帕奇铁皮卡咖啡豆

顺滑口感与饱满酸度的完美组合

A great combination of a smooth flavor and rich sourness.

生豆

深度中烘

巴拿马唐帕奇农庄特别定制的铁皮卡品种。铁皮卡是阿拉比卡大家族中的一个品种，具有优质可可般柔滑的口感。经过深度中烘后，产生出类似成熟的樱桃般的酸味，与其柔滑口感形成了完美的组合。这家农庄的名字"唐帕奇"源于人们对农场主弗朗西斯科·塞拉西先生的昵称。他与咖啡巴赫的田口护先生长期合作，也是这款名品的缔造者。

唐帕奇农庄的弗朗西斯科先生与田口护先生。

品尝感受 TASTING REVIEW

High Roast
深度中烘

类似可可的顺滑口感、成熟樱桃的酸味。最正宗的铁皮卡咖啡。

 ☀ 地区: 波奎特地区　☀ 农场: 唐帕奇农庄　☀ 生产者: 弗朗西斯科·塞拉西先生　☀ 海拔: 1500 米
☀ 品种: 铁皮卡　☀ 精制方法: 水洗法　☀ 干燥方法: 自然干燥

尼加拉瓜SHG咖啡豆

尽显平衡之美的中美洲高原水洗豆

Central America highlands washed beans with an exquisite balance of flavor.

生豆

☀ 深度中烘

位于尼加拉瓜与洪都拉斯交界处的新塞哥维亚（Nueva Segovia）的伊尔·比尔盖罗斯农场出产的咖啡豆。"SHG"是Strictly High Grown的缩写，意味着在高海拔地区种植的咖啡豆。总的来说，这一品种以中和感十足、口味丰富而著称。经由哥斯达黎加的格瑞斯女士的介绍，咖啡巴赫得以引进了这个品种，此番佳话也体现出了咖啡巴赫一贯重视"人与人之间的纽带"的经营理念。

伊尔·比尔盖罗斯农场的主人。

 品尝感受 *TASTING REVIEW*

High Roast
深度中烘　　成熟度很高的口感和香气。完美的中和感。

 ☀ 地区：新塞哥维亚　☀ 农场：伊尔·比尔盖罗斯农场　☀ 生产者：帕提佳先生　☀ 海拔：1500米
☀ 品种：波旁、卡杜拉　☀ 精制方法：水洗法　☀ 干燥方法：自然干燥

也门 摩卡哈拉兹咖啡豆

也门代表性产区出产的充满果香的日晒豆

A fruity taste natural harvest by the representative production center of Yemen.

生豆

☀ 深度中烘

也门首都萨那以西的哈拉兹地区出产的日晒豆。
当地的海拔为1500米,最高处超过2000米,是也
门数量众多的咖啡产区中最为重要的产区之一。
这款采用日晒法精制而成的优质咖啡豆,再经过
咖啡巴赫的深度中烘,果香愈发强烈,还可品尝
到柔滑的浓度和酸度。

缺少水源的干燥地带。

品尝感受 *TASTING REVIEW*

High Roast
深度中烘

柔滑的浓度与酸度。陈年甜酒般的味道。

☀ 地区: 哈拉兹地区　☀ 农场: 阿尔·埃吉工业公司　☀ 海拔: 1500-2000 米　☀ 品种: 波旁
☀ 精制方法: 日晒法　☀ 干燥方法: 自然干燥

多米尼加 哈拉瓦克阿咖啡豆

岛国咖啡特有的迷人的柔和酸度
An attractive mild sourness of the typical island coffee.

生豆

☀ 中度烘焙

用多米尼加共和国中部哈拉瓦克阿地区的唐·弗朗西斯科农场出产的咖啡豆烘焙而成。事实上，直到2014年，多米尼加全国的咖啡园还因遭受虫害而颗粒无收。在人们的苦心经营之下才逐渐恢复，从2015年重新开始供应。在这个岛国的山丘地带所收获的咖啡，由于生长在湿度适宜的气候中，具有柔和的酸度，可以称得上是"海洋咖啡"所特有的温和口感。

岛国多米尼加的中部地区。

品尝感受 *TASTING REVIEW*

Medium Roast　类似樱桃和杏子般的酸味和醇度、柔和多汁的口感。
中度烘焙

 ☀ 地区: 哈拉瓦克阿　☀ 农场: 阿尔·埃吉工业公司　☀ 生产者: 唐·弗朗西斯科先生　☀ 海拔: 1600 米
☀ 品种: 铁皮卡、卡杜拉　☀ 精制方法: 水洗法　☀ 干燥方法: 自然干燥

蓝山1号咖啡豆

从高级咖啡中严格甄选出的顶级精品

The best grade product that is selected carefully from the basic high quality coffee.

生豆

中度烘焙

只有产自蓝山山脉海拔800-1200米地区的稀有咖啡豆才能被冠以"蓝山咖啡"之名。在日本，蓝山咖啡是高级咖啡的典型代表，也因被英国王室指定为传统的御用珍品而广为人知。它那独特的罐装包装风格也是消费者十分熟悉的。而从本已十分珍贵的蓝山咖啡中再次严格甄选而出的，则是被称作"蓝山1号"的顶级精品。一杯"蓝山1号"，可令您尽情体验顶级佳品才具有的高贵香气和细腻口感。

牙买加蓝山地区。

品尝感受 TASTING REVIEW

Medium Roast　上等的花香、完美的平衡感。
中度烘焙

☀地区: 牙买加蓝山地区　☀生产者: 当地的农家　☀海拔: 800-1200 米
☀品种: 铁皮卡　精制方法: 水洗法　☀干燥方法: 自然干燥

巴西 W 咖啡豆

咖啡巴赫特别定制的稀有巴西水洗豆

A rare washed type made in Brazil specially ordered by CAFÉ BACH.

生豆

☀ 中度烘焙

巴西东北部巴伊亚州出产的咖啡豆，正式名称为"巴西水洗豆 No.2 Screen18"，其中的"No.2 Screen18"代表咖啡豆的最高等级。虽然巴西产区普遍采用自然晾晒的水洗法加工生豆，但这个品种却是少有的高级水洗豆，也是基于咖啡巴赫的特别定制而生产的原生品种，具有恰到好处的酸味和细腻的烹饪后蔬菜的香气。

圣塔菲·多伊斯农场。

品尝感受 TASTING REVIEW

**Medium Roast
中度烘焙**

恰到好处的酸度、微妙的香气、丰富的花生的风味和类似石烤红薯所散发出来的香甜气息。

☀ 地区: 巴伊亚州　☀ 农场: 圣塔菲·多伊斯农场　☀ 海拔: 1200-1300 米
☀ 品种: 黄卡杜拉　☀ 精制方法: 水洗法　☀ 干燥方法: 自然干燥

海地 马尔·布兰奇咖啡豆

优质土壤与信风孕育的优雅滋味

An elegant taste made from the high quality soil and the trade wind.

生豆

中度烘焙

岛国海地位于中美洲西印度群岛，国土与多米尼加共和国相接壤。在当地原住民的语言中，"海地"意为"山岳之地"。这里的石灰质土壤和从加勒比海吹来的信风，自古以来就孕育出上等的咖啡豆。咖啡巴赫用被称为"马尔·布兰奇"的铁皮卡水洗豆进行浅度烘焙的手法调制出同款咖啡，如同它所被冠以的圣贤之名，既充满高贵的气质，又带给人轻松优雅的味道。

海地的生豆精制现场。

品尝感受 TASTING REVIEW

Medium Roast
中度烘焙

高级而怡人的香气、恰到好处的酸度与柔和的醇度，饮用时略有硬水的矿物感。

 ☀ 地区：提奥提地区　☀ 生产者：当地农协　☀ 海拔：1400 米
☀ 品种：铁皮卡　☀ 精制方法：水洗法　☀ 干燥方法：自然干燥

蓝山圆豆

浓厚的香气与酸味、略带苦味的小粒圆豆

Small sized Blue Mountain beans with less bitterness, rich flavor and sourness.

生豆

☀ 中度烘焙

牙买加是散落于中美洲加勒比海上的岛国，在当地语言中含有"森林与水的国度"之意。它的东部国土部分就是加勒比沿岸的第二高山蓝山山脉。在这个世界闻名的咖啡产区，人们从制成的咖啡豆中用筛子单独筛选出Screen14以下的小粒圆豆(Peaberry)，略加烘焙，它便散发出绝妙的香气和酸味，原有的苦味也大为降低。

小粒豆十分易于烘焙。

⟩⟩⟩ 品尝感受 TASTING REVIEW

Medium Roast 　轻快柔和的风味，清新爽利的酸味。
中度烘焙

🌱 地区: 牙买加蓝山地区　🌱 生产者: 当地的农家　🌱 海拔: 800-1200 米
🌱 品种: 铁皮卡　🌱 精制方法: 水洗法　🌱 干燥方法: 自然干燥

手冲咖啡的秘诀

冲出美味咖啡的三点要义：

① 测量热水的温度。理想的冲泡温度应控制在82℃－83℃。根据个人对浓度的喜好，温差可在±5℃内调整。

② 控制热水的水柱粗细。理想的水柱直径应为2-3毫米，需要通过不断的练习逐步熟练。

③ 初次注入热水后应闷蒸20-30秒，待咖啡粉膨胀并回缩后，再开始第二遍注水。

创建于1968年的手冲咖啡名店咖啡巴赫教您如何冲泡出美味的咖啡。日式手冲咖啡的独特之处在于：冲泡时分多次注入热水。滤杯中的热水越少，就越能冲泡出杂质较少的纯净味道。只要掌握了正确的手法，任何人都能冲泡出一杯自己满意的咖啡。

第一步当然是要找到好的咖啡豆。按咖啡巴赫的标准，优质咖啡豆应满足三个条件：首先，必须是现场烘焙好的新鲜豆子；其次，还要挑拣出影响味道的次品豆；最后，则要确保豆子从内至外烘焙充分。

豆子烘好8小时后至两周内为最佳品尝时间。

获得理想的咖啡豆之后，只要遵循上述三个冲泡要点，便可调制出超级美味的咖啡。冲泡所需的工具包括滤纸、滤杯、手冲壶、分享杯、量勺和温度计等。掌握了基本的冲泡方法之后，便可根据个人喜好调整咖啡粉的用量与水温等，体验冲泡自己专属咖啡的乐趣。这种易于操作、人人都可动手尝试的特点，也是手冲咖啡大受欢迎的原因。

STEP BY STEP
手冲咖啡(Hand Drip Coffee)

在家中享受极致的美味,手冲咖啡专家咖啡巴赫将教您如何冲泡美味的咖啡。

展开滤纸
沿着滤纸的折边,按滤杯的形状仔细展开,以防注入热水时滤纸卷曲或弯折影响萃取质量。

仔细放好滤杯

按滤杯的形状展开滤纸,折好折边放入滤杯中,并用手指按压滤杯侧面和底部的角,然后将滤纸上称为"杯脊"的凹凸部分卡入滤杯之中。装好滤纸,才能实现完美的过滤。倒入咖啡粉之前,不要向滤杯中注水。因为滤纸一旦被打湿,滤杯与滤纸之间的空隙将被堵塞,冲泡时咖啡粉散发出的气味和空气无处散发,会影响决定咖啡味道的闷蒸效果。

咖啡巴赫原装咖啡滤纸

咖啡巴赫店铺中所使用的是透水性较高的滤纸。热水的渗透速度越快，咖啡中产生的杂味就越少。滤纸与滤杯通常是配套的，因此搭配原装滤杯使用效果最佳。

滤纸 101（每袋 40 枚）

放入咖啡粉

将置入滤纸的滤杯放在分享杯上，用量勺往滤杯中加入适量的咖啡粉。咖啡粉的填充量总体应略低于滤杯杯口。

咖啡粉的用量与冲泡出的咖啡液的量

一量勺咖啡粉大约为12克左右。当然，咖啡粉的用量越大，冲泡出的咖啡浓度也越高，反之亦然。不过，即使是在同等用量下，咖啡粉的研磨粗细度也可能影响咖啡的浓度。新手可先尝试着用最少的量来进行冲泡，待逐步熟练后，再根据自己的喜好来调整咖啡粉的用量。一般而言，可以用量勺来控制咖啡粉的用量，但不同的量勺容量也会有差异，因此，最好的方法是熟记经常使用的量勺刻度，以判断冲泡一杯咖啡所需的咖啡粉用量。

不锈钢咖啡壶

这种咖啡壶原是用来盛装咖啡液的，但咖啡店员和老手们已习惯于将它作为手冲壶使用。它的壶嘴形状可以比较自如地调节水柱粗细，带卡口的盖子可以防止倾倒时壶盖脱落，使用十分方便。此外，壶把上还开有气孔，手握时不会烫手。壶体本身还支持明火加热。

YUKIWA 咖啡壶 M-7(1 升)

热水的温度以 82℃为最佳

用温度计测量水温，确保以最佳的水温进行冲泡。将烧开后的水灌入手冲壶中，略加冷却后方可使用。为避免水中溶解的氧气在沸腾时散失，烧水时应缩短滚水时间。

水温与萃取的关系

水温是决定咖啡味道的重要因素之一。咖啡巴赫推荐以82℃ –83℃的热水萃取手冲咖啡。根据个人的喜好，水温调节范围可在此基础上适当放宽±5℃。水温每升高5℃，咖啡的浓度和苦味也会随之增加；同样，水温每降低5℃，咖啡的苦味和整体口味也会相应地较为清淡。冲泡时，在1升的咖啡壶中装入七八分满的滚水，略放凉至适宜的温度后便可开始冲泡。

咖啡巴赫的原装滤杯

考虑到注水的方便性，这款滤杯被设计成两侧略长的椭圆形。底部有一个较大的透水孔，是按最理想的滴水速度计算所设计的。杯壁四周的边槽（肋骨形状的凹凸）可防止滤杯与共享杯之间形成密封，以免咖啡粉在冲泡时产生的热气无法及时散出。

咖啡巴赫手冲
咖啡滤杯 101
（1-2 人份）

初次注水

以较细的水柱从咖啡粉的外侧按圆形环绕浇入，直至淹没咖啡粉。咖啡粉在热水的浸泡下会产生膨胀，继而回缩。待咖啡粉的上表面重新恢复至水平状态后，即可开始第二次注水。

闷蒸与排气

初次注入热水后，咖啡粉的表面会向上膨胀至屋顶形状，然后再次恢复至原来的平面状态。这一必不可少的、持续大约20-30秒的过程称为"闷蒸"。在此期间，我们只需耐心等待，水和热量会将咖啡粉的味道与香气激发出来。而所谓萃取，就是用热水将咖啡粉表面所激发出来的咖啡成分溶解、洗出的过程。此外，咖啡粉中所散发出来的气体如不能及时排走，闷蒸的效果将会大打折扣。而热水如果不能充分浸泡咖啡粉，也无法彻底萃取出咖啡的味道与香气。

▲ 水柱过粗

▲ 水柱过细

▲ 垂直落下、不间断的较细水柱

第二次至第四次重复注水

第二次注水后，按同样"画圆圈"的手法继续注入热水。此时无需闷蒸，观察咖啡液滴入分享杯的流速，可继续进行第三、第四次注水。

注水手法决定咖啡的味道

注水的基本手法是要保证以较细的水柱垂直注入不间断的水流。理想的水柱粗细大约为2-3毫米。注水不稳定会影响咖啡的味道，因此需要多加练习，控制好水柱的粗细。注水时的水柱过粗，则咖啡液容易过量且味道寡淡；水柱过细，则冲泡时间变长，咖啡的味道会相对过浓。注水时应按画圆圈的轨迹逐渐加满。需要注意的是，滤杯中的液体一旦流光，则需立刻开始继续注水。通常来说，需要进行2-3次重复注水，才能获得适量的咖啡液。

冲泡好的咖啡液
如果分享杯中的咖啡液已经足够，则大可不必等待滤杯中的热水全部滴完即可移除滤杯，结束冲泡。分杯前应轻轻搅拌分享杯中冲泡好的咖啡液。

萃取与过滤的原理

手冲咖啡的萃取原理大致可以想象成"用热水冲洗咖啡粉的表面"。冲洗出来的液体中包含咖啡的味道和香气的成分，通过滤杯滴入到分享杯之中。咖啡粉表面的成分被冲洗出以后，其中心部分浓度较高的成分也逐渐渗透至表面，整体浓度逐渐趋于平均。经过反复注水，咖啡粉中的相关成分会被充分洗出，流入分享杯中，成为冲泡好的咖啡液。此外，咖啡粉颗粒也具有类似活性炭的滤水作用。它将透过咖啡粉表面的水分割为较细的粒子，还可去除其中的杂味，形成口感顺滑的液体。高效的萃取和过滤，也正是手冲咖啡的优势所在。

手冲咖啡为何大当其道

只要学会了控制注水的手法，然后遵循水温、加粉量的基本规则，便可随时随地冲泡出一杯美味的咖啡。无需复杂的工具、事后整理也十分简单。因此，最适宜在家中享受咖啡的方法非手冲咖啡莫属。不仅如此，手冲咖啡很容易体会出不同烘焙火候、研磨粗细对咖啡味道的影响。一旦掌握了相关的冲泡技术，便可根据个人喜好调制出自己专属的口味，这正是手冲咖啡的妙趣所在。

咖啡的研磨等级

冲泡咖啡之前,须将咖啡豆研磨成咖啡粉。虽然这道工序也可以拜托购买咖啡豆的店家完成,但边磨豆边享受咖啡的味道和香气实在是妙趣无穷,建议您还是尽量在冲泡前用家用磨豆机亲自研磨。

咖啡粉的颗粒大小称为"滤网标号(mesh)"。从粉末状的、苦味较重的"超细研磨"到颗粒分明的"粗研磨",共分为4-6个等级。不同的萃取工具也需选择不同颗粒粗细的咖啡粉,否则会产生苦味过重或口味寡淡的情况。此外,磨豆时还应尽量保持所有颗粒的大小均匀,颗粒大小不一的咖啡粉冲泡出来的咖啡味道也会产生偏差。在实践中,可以先从比较标准的"中细研磨"和"中研磨"开始尝试,如浓度不足,可以尝试磨得更细;反之则换成较粗的研磨,逐步摸索出自己喜欢的研磨等级。

超细研磨

颗粒细小的粉末状咖啡粉。以砂糖来比喻的话，大致等于市面上出售的最高级的白糖。这种研磨颗粒的苦味最浓，适宜用来调制意式特浓(Espresso)或土耳其咖啡(Turkish coffee)等。一般家用磨豆机很难达到这种颗粒细度，通常需要使用专业的磨豆机来研磨。

中研磨

颗粒细度介于砂糖与粗颗粒之间的程度。与中细研磨类似，是较为普遍的颗粒细度。除了滤杯和咖啡机外，还适用于滤布萃取、法压壶等萃取方式。

中粗研磨

介于中研磨和粗研磨之间，颗粒分明可辨但粒度较小，被认为是最适宜萃取深度烘焙咖啡豆的颗粒细度。使用法压壶或滤布萃取的方式，可最大限度地领略这种研磨粒度的魅力。

细

超细

滤网标号

粗

中粗

细研磨

咖啡粉接近粉末状,粒度介于特级白糖与砂糖之间。通常用于萃取浓度较高的咖啡。比较适合调制滴漏式咖啡(明火煮制的意式特浓)或蒸煮式咖啡(水蒸馏)等。

中细研磨

颗粒粗细类似于砂糖,更接近于市面上销售的普通咖啡粉。适用于Kalita或Melitta滤杯、家用咖啡机、蒸馏式咖啡壶等,可以说是最为常见的研磨粒度。

中细

中

00%

粗研磨

颗粒最大的咖啡粉。由于抑制了苦味,强化了酸味,口味也最为清淡。用摩卡壶等明火煮制可大大提升味道。

KONO 式滤杯
圆锥杯形，滤孔较大。为两层结构：上部的杯壁可贴紧滤纸，避免咖啡粉中的成分流失，下半部分则带有凹槽，可加快萃取速度。这种滤杯主要面向专业人士，需掌握一定的使用技巧才能运用自如。

杯体材质: 塑料
把手: 塑料
滤纸: KONO 滤纸

关于滤杯的
林林总总

滤纸过滤上手简单，稍加练习即可熟练掌握。滤杯主要分为梯形和圆锥形两种。其中，梯形滤杯又分为单孔的梅利塔杯 (Melitta) 和三孔的卡利塔杯（Kalita）两种。后者中的波浪杯近年来颇为普及，初学者也可以用它来冲调出味道较为稳定的咖啡。而圆锥形滤杯能够调制出更为微妙细致的不同口味，多为专业人士所用。其主要代表型号又可按滤杯下方对闷蒸和萃取效果起到关键的"凸槽"形状分为直线"凸槽"的 KONO 滤杯和螺旋型"凸槽"的 HARIO 滤杯，构造虽然都很简单，却各具自身的特色。小小的滤杯，也蕴含着不少学问。

陶瓷型滤杯
与塑料滤杯相比，陶瓷滤杯具有更好的保温性，闷蒸的效果更为均匀。

Melitta Aroma 滤杯

梯形的小孔径滤杯。20 世纪初由梅利塔 · 本茨夫人发明，是历史最为悠久的经典型滤杯。使用简单，即便注水方式不标准，咖啡的味道也不会产生太大的偏差，适合初学者或忙碌的人士。

杯体材质: 塑料
把手材质: 塑料
滤纸: 梅利塔式滤纸

HARIO V60 滴滤杯

圆锥形的大孔径滤杯。与 KONO 杯不同的是，这种滤杯的整个杯壁带有螺旋形的"凸槽"，具有调节咖啡味道的功能。快速注水时冲泡出来的咖啡味道清浅；慢慢注水时则可冲泡出较为醇厚的咖啡。因此，咖啡的味道变化很大，较适合熟练的使用者。

杯体材质: 塑料
把手材质: 塑料
滤纸: HARIO 滤纸

卡里塔波浪滤杯

梯形的三孔滤杯。通常三孔为直线排列，但最近成为主流的波浪滤杯的杯孔多为三角形分布。波浪形的杯壁可减轻冲泡时味道的偏差。

杯体材质: 不锈钢
滤纸: 波浪形滤纸

HORIGUCHI COFFEE

Horiguchi Coffee's Single Origin Coffee

堀口咖啡的单品咖啡

本着"最好的咖啡必然源于最优良的原材料"这一理念，堀口咖啡的员工每每亲自前往咖啡产地甄选优质生豆，不断加深与产地农户的合作关系，在确保优质生豆稳定供应的同时，还与对方携手努力，不断提高生豆的品质。

此外，为了确保生豆的最佳状态，他们也十分注重生豆的运输和储存环节，并坚持在烘焙过程中最大限度地激发出生豆的潜在特性。

堀口咖啡的单品咖啡所用咖啡豆的主要产地

中东·非洲	亚洲·大洋洲	中美洲	南美洲
也门	印度尼西亚	危地马拉	秘鲁
肯尼亚	东帝汶	巴拿马	哥伦比亚
埃塞俄比亚		哥斯达黎加	巴西
坦桑尼亚			

巴西 马卡乌巴·迭·西马农庄日晒豆

以日晒法精制而成的清新温和的波旁咖啡豆

Natural refinement Bourbon class with a clean and mild flavor.

生豆

☀ 中度烘焙

马卡乌巴·迭·西马农庄是位于巴西米纳斯吉拉斯州塞拉多地区的优质咖啡产地。当地雨季和旱季分明的大陆性气候,加之高海拔带来的冷暖温差,孕育出许多优质的咖啡品种。农庄的主人古拉西奥先生在咖啡生产中抱持着灵活务实的态度,与希望培育出具有鲜明特色的"巴西咖啡"的堀口咖啡一拍即合,双方从数年前开始共同培育波旁咖啡。他们是第一家充分理解堀口咖啡的经营理念,并与之结为合作伙伴的咖啡种植园。

品尝感受 TASTING REVIEW

Medium Roast 中度烘焙	带有明显的可可般的甜美、清爽的香气与温和的浓度,恰到好处地浓缩了晒干豆特有的熟透果实的风味。
French Roast 法式烘焙	犹如黑巧克力般的微苦和香甜,晒干豆特有的熟透果实的风味愈发深厚。

 ☀ 产地: 米纳斯吉拉斯州塞拉多地区帕特罗西尼奥市　☀ 农场主: 古拉西奥·何塞·唐·卡斯特罗先生　☀ 品种: 波旁
☀ 海拔: 1000 米　☀ 精制方法: 全熟豆日晒法　☀ 干燥方法: 非洲高架床自然晾晒

▶为便于机械采摘而整齐间种的咖啡树。

▶马卡乌巴农庄的晾晒场，晾晒过程中使用机械设备对咖啡豆进行一丝不苟的搅拌。

▼使用非洲式高架床对优质咖啡豆进行自然晾晒。这种高架床的下方也可以通风，从而确保能对咖啡豆进行彻底的干燥。

秘鲁 费斯帕农场咖啡豆

自然恩赐与严格管理造就出的令人惊叹的滋味

A surprising taste created from the gifted natural condition and the strict management.

生豆

卡杜拉 / 法式烘焙

从邻近厄瓜多尔边境的北部小镇何安驱车行驶两小时，便可抵达位于大山深处的小村庄埃鲁阿克村。然后，再从那里沿着车辆无法通行的险峻山路徒步行走约一小时左右，才到达最终目的地费斯帕农场。这里的农田分布在倾斜度很大的山坡上，却栽种得井然有序，田地间流淌着水量充沛、清澈见底的小溪。在严格按定量间种的遮光树木之下，一排排咖啡树苗壮生长。受惠于大自然恩赐的优厚自然条件和农场基于多年经验积累的严格管理规则，农场培育出了口味绝佳的优质咖啡。以下我们就来介绍他们出产的波旁与卡杜拉品种的咖啡豆。

品尝感受 TASTING REVIEW

Bourbon/City Roast
波旁 / 城市烘焙

蜜橘般明快的酸味、十足的浓缩感，纯净而又高级、越回味越柔和的口感。

Cattura/French Roast
卡杜拉 / 法式烘焙

恰如其分的厚重感，唇齿留香、令人不舍得下咽的淋漓质感。兼具明快的特点与极佳的中和感。

☀ 农场主：威尔达·加尔西亚先生　　☀ 地区：卡哈马卡大区何安郡乌瓦巴鲁地区埃鲁阿克近郊　　☀ 海拔：1700-2000 米
☀ 品种：波旁、卡杜拉　　☀ 精制方法：水洗法

哥伦比亚 纳里尼奥·萨玛尼爱戈咖啡豆

哥伦比亚咖啡独有的醇度与完美酸度

Wonderful sourness and body of the characteristic Colombia coffee.

生豆

☀ 法式烘焙

基于哥伦比亚纳里尼奥省萨玛尼爱戈的小农户所收获的咖啡豆,堀口咖啡再次进行严格的二次筛选,制成了这款品质极佳的咖啡豆。萨玛尼爱戈周围的山区海拔很高,许多地方甚至接近种植咖啡的海拔极限。日间被阳光加热的暖空气堆积在溪谷的底部,到了夜晚则会沿着山脉的斜坡缓慢爬升,保护种植在山坡高处的咖啡树免受低温与霜冻之害。堀口咖啡将萨玛尼爱戈视为非常优良的咖啡产区,具备将哥伦比亚咖啡进一步发扬光大的潜力,对其寄予了极大的期望。

品尝感受 *TASTING REVIEW*

French Roast
法式烘焙

带有明显的可可般的甜美、清爽的香气与温和的浓度,恰到好处地浓缩了晒干豆特有的熟透果实的风味。

☀ 地区: 纳里尼奥省萨玛尼爱戈地区　☀ 生产者: 纳里尼奥省的小农户　☀ 品种: 卡杜拉、卡斯蒂洛 (Castillo) 及其他
☀ 精制方法: 水洗法　干燥方法: 自然晾晒

哥伦比亚 罗多里戈·桑切斯咖啡豆

突出的中和感、稳定感十足的咖啡

Wear well stableness coffee with a standing out perfect balance.

生豆

☀ 城市烘焙

罗多里戈·桑切斯先生拥有的艾尔·普洛古莱索农场位于哥伦比亚西南部维拉省的帕莱斯提那市。哥伦比亚的农场通常采用传统的水洗法精制,完成干磨工序(干燥后脱去果肉、筛选、制成生豆)后,再通过活跃在哥伦比亚中南部地区的出口批发商Banexport公司进行二次精制加工。这里产出的咖啡豆虽然不具备十分突出的特点,但胜在始终保持着充满果香的酸甜平衡和稳定的品质。

品尝感受 *TASTING REVIEW*

City Roast
城市烘焙

口感略硬,类似柑橘类的酸度。饮后隐约有可可或焦糖般的余香。充满果香的丰富酸度与甜度组成了绝妙的余韵。

 ☀ 农场主: 罗多里戈·桑切斯先生　☀ 地区: 维拉省艾尔·普洛古莱索农场　☀ 海拔: 1600 米
☀ 品种: 卡杜拉、哥伦比亚、波旁　☀ 精制方法: 使用发酵池的传统水洗法

哥伦比亚 艾尔·卡门咖啡豆

海拔最高的产区纳里尼奥孕育的浓厚醇度和上等口感

A sophisticated thick body flavor from the greatest production center Narino.

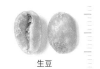

生豆

☀ 城市烘焙

牙买加是散落于中美洲加勒比海上的岛国，在当地语言中含有"森林与水的国度"之意。它的东部国土部分就是加勒比沿岸的第二高山蓝山山脉。在这个世界闻名的咖啡产区，人们从制成的咖啡豆中用筛子单独筛选出Screen14以下的小粒圆豆(Peaberry)，略加烘焙，它便散发出绝妙的香气和酸味，原有的苦味也大为降低。

品尝感受 *TASTING REVIEW*

City Roast
城市烘焙

丝滑般浓厚的醇度，略带酸味、香气四溢，令人欲罢不能的上等口感。

 ☀ 产地: 纳里尼奥省艾尔·卡门农庄 · ☀ 海拔: 1780-2000 米 · ☀ 品种: 卡杜拉、卡斯蒂洛、哥伦比亚
☀ 精制方法: 全水洗法 · ☀ 干燥方法: 水泥露台自然晾晒

哥伦比亚 艾尔·萨拉多农庄

柔和的口感、伊予柑*般的清爽酸味

Pleasant softness to the taste with the sourness of like a fresh citrus.

生豆

☀ 城市烘焙

艾尔·萨拉多农庄位于纳里尼奥省省会帕斯托市东北方向约30公里处的艾尔·塔布隆·迭·贡麦斯市。农场主希尔达鲁多·奇昆凯先生为了拥有自己梦想中的农场,曾在很长一段时间里从事咖啡采摘工作来积蓄资金,终于在15年前买下了农场附近的土地。当治安情况有所好转后,他便在10年前开始种植咖啡,并于两年后与当地的批发采购商纳里尼奥公司建立了合作,在对方的支持与指导下,农场产出的咖啡豆的品质也在不断提高。

品尝感受 *TASTING REVIEW*

City Roast
城市烘焙

初冲泡时并未有非常惊艳之感,但在调低冲泡的水温后,刹那间便散发出伊予柑一般的清爽果香和类似酸奶的风味。
*伊予柑是产于日本的柑橘杂交品种,以果肉多汁、皮肉易于分离闻名。

❋ 农场主:希尔达鲁多·奇昆凯先生 ❋ 产地:纳里尼奥省艾尔·塔布隆·迭·贡麦斯市 ❋ 海拔:1800-2000米
❋ 品种:卡杜拉80%,其余为卡斯蒂洛与哥伦比亚的试验品种 ❋ 精制方法:使用发酵池的传统水洗法

哥斯达黎加 克莱斯托尼斯小粒咖啡豆

丝滑口感、清纯口味、上等的酸度与甜度

Smooth to the taste with a clean flavor added by a sophisticated sweet and sourness.

生豆

☀ 艾尔·阿尔托农庄咖啡豆 / 法式烘焙

拉斯·克莱斯托尼斯集团下属的艾尔·阿尔托和拉斯·卡梅利亚斯农场出产的咖啡豆。与其他国家出产的咖啡豆相比,哥斯达黎加的咖啡豆颗粒较小,但精制设备却十分充足,精制工艺也颇有领先之处。拉斯·克莱斯托尼斯集团下属的农户大多位于土壤和气候条件十分优越的地区,通过水洗法精制工艺,源源不断地生产出口味清纯的咖啡。当地的生产者颇具"工匠精神",以生产出哥斯达黎加最佳口味的咖啡而闻名。

品尝感受 *TASTING REVIEW*

El Alto/French Roast
艾尔·阿尔托农庄咖啡豆 / 法式烘焙

丝滑醇厚、略带花香的酸味、质地优良的口感。法式烘焙后愈发浓厚却并不过火的绝妙味道。

las Camelias/Full City Roast
拉斯·卡梅利亚斯农庄咖啡豆 / 中度深烘

华丽而高级的酸味,整杯咖啡充满了绝佳的中和感。

☀ 生产者古莱斯·卡尔泰隆·希梅奈斯先生 (①艾尔·阿尔托农庄)、霍鲁埃·卡尔泰隆·希梅奈斯先生 (②拉斯·卡梅利亚斯农庄)
☀ 产地:圣·何塞州东部奇利坡地区皮埃多拉   ☀ 海拔:1885 米 (①)、1593 米 (②)
☀ 品种:卡杜拉 (①)、威莱路斯布斯 (注:Villalobos:铁皮卡的变种)、卡杜拉、卡杜艾 (②)   ☀ 精制方法:水洗法

邓肯LCF 限量版咖啡豆

来自Café Kotowa唯一的有机农场"邓肯庄园"的卓越精品

An exceptional quality delivered from "Duncan" the only organic farm in Café Kotowa.

生豆

☀ 法式烘焙

邓肯庄园是Café Kotowa唯一的有机咖啡种植园。在种植咖啡的过程中，彻底摈弃了除草剂、杀虫剂、化肥等化学制品。农场主里卡尔多先生采取因地制宜的方法打理农庄，在精制时注意最大限度地发挥本地咖啡的特色，从而生产出具有绝佳口味与品质的咖啡。

品尝感受 *TASTING REVIEW*

City Roast 城市烘焙	卡杜拉品种特有的丝滑口感、力道强劲的浓度、清爽的酸度、巧克力般的甜度，即便经城市烘焙后都能感受到很高的致密度，完美的制成品。
French Roast 法式烘焙	清爽的酸度、丝滑而力道强劲的浓度、突出的巧克力般的甜度，经法式烘焙口味也未产生丝毫偏差。
Natural French Roast 日晒豆 / 法式烘焙	以口味上佳为特点的日晒豆。经过法式烘焙后，散发出犹如洋酒酿樱桃般的浓厚醇度与甜味。

 ☀ 产地: 奇利奇省博凯蒂地区的奇里基火山斜坡地带　☀ 农场主: 里卡尔多·科伊纳先生　☀ 品种: 卡杜拉　☀ 海拔: 1650-1750 米
☀ 干燥: 晒台自然晾晒　☀ 精制方法: 机械去除果皮的水洗法 / 非洲高架床日晒法

邓肯庄园是 Café Kotowa 旗下唯一的有机咖啡种植园。

雨季结束的 1 个月前后，农场迎来了采摘咖啡的季节。

哥斯达黎加 皮拉农庄咖啡豆

独特工艺精心制成的丰厚醇度与绝佳酸度的完美平衡

Rich body and superior balance of gorgeous sourness made possible by the unique process.

生豆

☀ 法式烘焙

哥斯达黎加共有8个主要的咖啡产区,其中,以酸度与醇度俱佳而闻名的产区当属塔拉斯地区。在这个地区的种植园中,皮拉农庄则以年年稳定产出高品质的咖啡豆而广为人知。采摘完咖啡豆以后,他们并不立即进行精制加工,而是以流水整夜浸泡咖啡果实,以便去除果肉。通过这种方法将果实中的一部分糖分保留在内果皮中。此外,他们在卡杜艾、卡杜拉品种的豆子中还少量掺入树龄不长的铁皮卡或瑰夏品种,制成了独具皮拉农庄特色的完美口味。

品尝感受 TASTING REVIEW

Full City Roast
中度深烘

初入口时是满满的巧克力的味道,继而便有类似于充分搅拌后的可可般的浓厚质感在口腔中弥散开来。

French Roast
法式烘焙

浓厚饱满的醇度。深度烘焙后仍保有绝佳的酸度,令人印象深刻。加入铁皮卡或瑰夏后的味道愈发丰富。

 ☀ 产地:圣·何塞州桑塔·玛利亚·迭·多塔 ☀ 生产者:卡鲁罗斯·莱涅·塞西亚诺先生
☀ 品种:卡杜艾、卡杜拉、铁皮卡、瑰夏 ☀ 海拔: 1650-1700 米 ☀ 精制方法:水洗法 ☀ 干燥方法:非洲高架床自然晾晒

危地马拉 梅尔塞农庄咖啡豆

圆滑的触感、犹如花蜜般甜美的淡淡余香
The fluent touch, sweetness as the honey of the flower lightly continues.

生豆

☀ 城市烘焙

梅尔塞农庄位于危地马拉的首都危地马拉城西北约40公里处，当地种植咖啡的历史可追溯到1912年。农庄周围是覆盖着森林的丘陵地带，人们将遍地生长的松树、柏树和橡树作为天然的保护林（调整光照强度和农田气温，保护咖啡树不受强风或霜冻危害的树木），在这些树木之下间种咖啡苗木，以充分地发挥本地的地形与环境优势。此外，由于当地气候干燥、降雨量少，农庄还对精制工艺中所消耗的水进行循环利用，通过各种方法不遗余力地产出品质上乘、独具特色的咖啡豆。

品尝感受 *TASTING REVIEW*

City Roast
城市烘焙

采用水洗法制成，却具有日晒豆一般的丝滑触感。略微降低冲泡水温后，便会散发出花蜜般的淡淡余香。

🫘 ☀ 产地：奇马里迪南戈省圣·马鲁汀·西罗蒂派克市近郊　☀ 农场主：范·路易斯·巴里奥斯·奥鲁提格先生
☀ 海拔：1880-1970 米（加工地 1755 米）　☀ 品种：以波旁为主，另有部分帕奇（pachae）、铁皮卡等　☀ 精制方法：发酵池与机械并用的水洗法

危地马拉 桑塔·卡特里娜农庄咖啡豆

品质稳定、称得上是中美洲咖啡教科书般的味道

Taste to be called the copybook of Central America that continues to keep the stable quality.

生豆

☀ 城市烘焙

桑塔·卡特里娜农庄处于危地马拉安提瓜近郊的火山环抱之中，以危地马拉最好的咖啡产区而闻名。2007年曾获得过APCA(安提瓜咖啡种植协会)咖啡评选的最高奖项，实至名归地成为当地最好的咖啡种植园。农场的主人佩特罗先生是为数不多的始终坚持传统生产工艺的咖啡职人，他农场中出产的咖啡长年保持着一贯的高品质，其中GRAN RESERVA是农场中海拔最高的种植地出产的咖啡。

品尝感受 *TASTING REVIEW*

City Roast
城市烘焙

醇厚的浓度与温和的甜度，混杂着柑橘类、尤其是橘子般明快的酸味，三者构成了犹如等边三角形般的完美平衡。

French Roast
法式烘焙

饱满的浓度和牛奶糖般的甜度，虽经深度烘焙仍不失其华美的魅力，令人难以释手的绝佳品质之作。

❋ 产地: 萨卡特佩克斯省安提瓜近郊的阿卡提兰戈山东斜面地区　❋ 农场主: 佩特罗·艾奇百利亚先生　❋ 品种: 波旁
❋ 海拔: 1600 米以上　❋ 精制方法: 使用发酵池的传统水洗法　❋ 干燥方法: 自然晾晒

临近收获季节的咖啡果木，它们在原生林环抱的严酷环境中茁壮生长，显露出顽强的生命力。

GRAN RESERVA 商标的主要图案是一种当地称为"Tigrollo"的猫科动物。

品尝感受 *TASTING REVIEW*

GRAN RESERVA/City Roast
城市烘焙

华美的酸味和上等的甜味，浓度饱满而均匀，充满绝妙的中和感，还有随之而来的厚重的味道和优雅的余韵。

GRAN RESERVA / French Roast
法式烘焙

浓缩感十足的厚重结实的浓度和甜味，虽经深度烘焙却依然能体味到的丰富的酸味，应该是能令大多数人满意的口味。

 ★以下仅限 GRAN RESERVA

☀ 区域划分：蒙塔娜（GRAN RESERVA/ 城市烘焙）/ 坎帕门（GRAN RESERVA/ 法式烘焙）

☀ 海拔：1958-2070 米

埃塞俄比亚 伊利伽切·沃蒂日晒豆

简直"不像咖啡"的浓浓果香

A dynamic flavor with a rich fruit taste of a one cannot imagine from coffee.

生豆

法式烘焙

伊利伽切地区的海拔为 1600-2200 米，当地的农场多为面积在两公顷上下的小农户，靠种植咖啡过着自给自足的生活。位于这个地区南部的沃蒂咖啡加工厂出产风味和品质俱佳的咖啡。要想获得当地出产的那种口感清冽的咖啡，须凭借长期积累的经验。尤其是富于经验的老手们，会小心谨慎地剔除生豆中所有的异物和次品豆，并通过缜密的加工工艺管理，生产出最高品质的咖啡。

品尝感受 TASTING REVIEW

Washed/City Roast 水洗豆 / 城市烘焙	高温冲泡时散发出柠檬般清爽的酸味，调低水温冲泡时变为富于透明感的甜味和桃子的香气。
Natural/City Roast 日晒豆 / 城市烘焙	丰富的果香，醇厚的浓度和蓝莓风味特有的甜酸重叠之感。
Natural/French Roast 日晒豆 / 法式烘焙	厚重的浓度，果香与浓度的结合，产生出类似加入了朗姆酒浸葡萄干的巧克力般的香味。

 ☀ 产地: 南方各州凯蒂奥种植区·耶加雪菲孔卡地区 ☀ 海拔: 湿豆产区 2050 米、周边农户 1900-2200 米 ☀ 品种: 传统品种
☀ 精制方法: 使用发酵池的传统水洗法、日晒法 ☀ 干燥方法: 非洲高架床自然晾晒

采摘咖啡果实。每棵咖啡树上能收获的咖啡果实数量有限，成熟的咖啡果实需以人工方式小心地采摘。

农户在自家院中晾晒干豆。

埃塞俄比亚 耶加雪菲 G1 Debo 咖啡豆

耶加雪菲特有的果香、尽享完美的酸味

Full enjoyment of the gorgeous sourness and the fruity flavor specifically from Yirgacheffe.

生豆

☀ 城市烘焙

喜爱埃塞俄比亚咖啡的人数之多，一点也不逊色于印度尼西亚"LCF 曼特宁"和危地马拉"桑塔·卡特里娜农庄"的庞大粉丝群。在埃塞俄比亚出产的咖啡中，耶加雪菲地区出产的咖啡以其完美和充满果香的酸味，成为全球精品咖啡家族中不可或缺的重要成员。耶加雪菲 G1 Debo 特指由南部考切来地区的 Debo 咖啡加工厂精制的咖啡，它的魅力在于通透纯净的口感、完美的酸度和充满果香的香气。

品尝感受 *TASTING REVIEW*

City Roast
城市烘焙

口感纯净、新鲜的酸度、类似桃子或葡萄的甘甜余味，能尽享充满果香的咖啡的妙处。

☀ 产地: 南部各州凯蒂奥产区 · 考切来地区　☀ 农场主: 塔凯尔 · 邓白鲁先生
☀ 海拔: 1800-2000 米　☀ 品种: 传统原生品种　☀ 精制方法: 全水洗　☀ 干燥方法: 非洲高架床自然晾晒

埃塞俄比亚 萨瓦娜农庄日晒豆

享受奶油丝滑与纯净的余味

Enjoy the clear aftertaste of the gorgeous creaminess.

生豆

☀ 日晒豆 / 城市烘焙

阿布多拉·薄伽休先生领导的埃塞俄比亚咖啡出口商Bagersh公司在距离耶加雪菲地区东南方向约80公里的森林地带买下了大片的土地,并在那里建起了萨瓦娜咖啡农场。从当地的野生咖啡树开始,他们又相继从咖啡研究中心引进了多个品种的咖啡苗木进行分种试验,通过严格筛选和先进的技术生产出高品质的日晒豆。他们出产的豆子自有其独特的个性,即虽然是日晒豆,却拥有水洗豆般纯净、醇厚的滋味。

 品尝感受 *TASTING REVIEW*

Natural/City Roast
日晒豆 / 城市烘焙

具备日晒豆特有的奶油丝滑感与令人赞叹的纯净余味,喜欢果香的咖啡客一定会爱上它!

 ☀ 产地: 奥罗米亚州古吉产区霞吉索地区萨瓦娜农庄　☀ 海拔: 1750-1830 米　☀ 品种: 传统品种
☀ 精制方法: 日晒法　☀ 干燥方法: 非洲高架床自然晾晒

肯尼亚 奇乌尼咖啡加工厂咖啡豆

令人印象深刻的果实般的酸味与甘甜饱满的醇度

An impressive rich body that is full of sourness and sweetness such as the fruit.

生豆

法式烘焙

奇乌尼咖啡加工厂位于肯尼亚山山脚下、著名咖啡产区涅里县和恩布县之间的基里尼亚加县。当地的火山红壤培育出了味道浓烈的咖啡。肯尼亚咖啡的魅力之一在于,它在各种烘焙火候下都表现出色。不同的烘焙火候下,肯尼亚咖啡豆都能发挥出它蕴含的特色和魅力,并衍生出多样的口味。而能够通过调整烘焙火候体验到多变的口味,更使得咖啡爱好者们趋之若鹜。品尝这种咖啡豆,城市烘焙和法式烘焙是必不可少的尝试,从中也可感受到奇乌尼工厂咖啡豆的魅力所在。

品尝感受 TASTING REVIEW

**City Roast
城市烘焙**

类似蔓越莓或覆盆子般的酸味、成熟西红柿般的甘美可口,以及肯尼亚咖啡特有的浓烈滋味。

**French Roast
法式烘焙**

蔓越莓般汁液丰富的酸味,间或有果酱般浓厚的甜味,从入口的瞬间便可体会的无穷回味。

☀ 产地: 中央省基里尼亚加县 Gichugu 地区 Ngariama　　☀ 品种: SL28、34
☀ 精制方法: 使用发酵池浸泡的肯尼亚传统水洗工艺　　☀ 干燥方法: 非洲高架床自然晾晒

肯尼亚 卡拉图加工厂咖啡豆

基安布的优质加工厂,随烘焙火候而不断变化的味道
Superior factory in Kiambu. The flavor changes by the way of how it's roasted.

生豆

☀ 法式烘焙

卡拉图咖啡加工厂创建于1965年,位于肯尼亚的基安布县,距离肯尼亚山附近有名的咖啡产地涅里、基里尼亚、恩布等地较远。当地的年降水量约为1500毫米,在每年3月至5月、10月至12月期间有两个雨季,因此咖啡的收获也是一年两熟。连同经理在内,加工厂共有6名正式员工和一些临时员工,整体运转十分稳定。与其他肯尼亚咖啡相比,卡拉图加工厂生产的咖啡在不同烘焙火候下的味道变化更为显著,咖啡客们大可尽情尝试各种丰富的滋味。

 ## 品尝感受 *TASTING REVIEW*

High Roast 深度中烘	类似新鲜水果的甜美、绝妙的中和感,如同圣女果般的味道。
City Roast 城市烘焙	新鲜西红柿般新鲜清爽的酸味,圆润柔和的口感,令人心情愉悦的甜美余味。
French Roast 法式烘焙	熟透西红柿般饱满的酸味,充分感受到它的醇度之前,可以体会到厚重的质感。

 ☀ 产地:中央省 Gatundu 地区 Ndarugu　☀ 海拔:1883 米
☀ 品种: 99% 的 SL28·34 中掺入 1% 的 Ruiru11　☀ 精制方法:使用发酵池浸泡的肯尼亚传统水洗法

坦桑尼亚 黑晶庄园咖啡豆

源于坦桑尼亚屈指可数的优质农场,酸度明快、味道浓烈

A bright sourness and the strong thick flavor from the leading superior factory in Tanzania.

生豆

城市烘焙

黑晶庄园是全球公认的坦桑尼亚最顶级的咖啡种植园,坐落于大自然的环抱之中,种植园内还专门设有供大象和野牛通过的道路。这里出产的咖啡豆具有蜜橘般清爽的酸味,醇厚的浓度和浓烈的香气。相比中美洲各国,坦桑尼亚种植咖啡的历史较短,种植园的数量也远没有那么多。各个种植园的主人时常更迭,大部分人长期旅居国外(如英国等),将种植园的日常管理工作交由经理人打理。不过,黑晶庄园的主人米哈埃尔·戈尔盖先生热爱自然,长期居住在坦桑尼亚。

品尝感受 *TASTING REVIEW*

City Roast 城市烘焙	蜜橘般清爽的酸味与醇厚的浓度交织,形成了完美的中和感。恰到好处的味道,既不过于浮华,也不流于寡淡。
French Roast 法式烘焙	完美的酸度与醇厚的浓度、犹如奶糖般的香甜余韵,令人愉悦的丰富的味道,口感纯净。

 ☀ 产地: 阿尔夏州卡拉图地区　☀ 农场主: 米哈埃尔·戈尔盖先生　☀ 品种: 波旁、肯特　☀ 规格: AB
☀ 海拔: 1675-1860 米　☀ 精制方法: 水洗法　☀ 干燥方法: 非洲高架床自然晾晒

东帝汶 塔塔迈劳咖啡豆

带有柠檬般清爽酸味的花香咖啡

A floral flavored coffee with the sourness of that reminding a fresh lemon.

生豆

☀ 深度中烘

"塔塔迈劳咖啡"是日本的NGO Peace Wind Japan(PWJ)在东帝汶的援助活动的一部分,其名称来源于一个基于"公平贸易"原则支持和援助当地从事咖啡种植的项目。堀口咖啡在这个项目中与PWJ合作,从咖啡的培育到精制、储存、出口等一系列环节入手,协助当地不断提升咖啡质量。项目实施后,当地按种植村落进行生豆的精制和管理,实现了产品的产地可追溯性,出产的生豆质量也有显著提高。由于当地生产者的意识和技术日益进步,这个地区已成为被业界寄予厚望的新兴产地。

品尝感受 TASTING REVIEW

High Roast
深度中烘

较轻程度的烘焙下,散发出柑橘或柠檬一般的清爽酸味。怡人的柔和口感,呈现出上等咖啡的品质。

 ☀ 产地:马里亚纳地区艾尔梅拉县莱蒂福霍郡多克拉依村莱布多・莱顿部落　☀ 品种:当地原生品种
☀ 海拔:约1500米　☀ 精制方法:水洗式　☀ 干燥方法:平摊在塑料薄膜上自然晾晒

印度尼西亚 LCF曼特宁咖啡豆

深林之幽香、芒果之酸甜

The aroma of that from the deep forest with the sweet and sour taste of a mango.

生豆

法式烘焙

来源于当地所特有的"苏门答腊式"精制工艺赋予了这款咖啡豆不同于其他产地咖啡的独特风味。所谓"苏门答腊式"精制工艺，是在对咖啡豆进行初步干燥后，再用机械进行深度烘干、脱去内果皮的加工方法。在脱壳之前，内果皮中含有40%~50%的水分，经过数小时或半日的存放，内果皮周边残留的"黏液"（即果胶）不断分解，产生出独特的风味。LCF曼特宁是对羊皮纸咖啡豆进行适当而快速的处理，并彻底干燥后筛选出的高级曼特宁咖啡豆。

品尝感受 *TASTING REVIEW*

French Roast　散发出有如树木、落叶与湿润的泥土混合而成的森林深处的幽香，
法式烘焙　　　带有芒果般的酸味与甜味。口感滑润跳跃，味道独特而又复杂。

※产地: 北苏门答腊省林顿·尼福塔村周围　※品种: 铁皮卡系品种、Jember　※精制方法: 苏门答腊式
※干燥方法: [第一次干燥] 农户将"羊皮纸咖啡豆"平摊在塑料薄膜上自然晾干 [第二次干燥] 出口商将"羊皮纸咖啡豆"置于网架上自然晾晒 [第三次干燥] 出口商对制成的生豆进行自然晾晒

▶ 林顿地区的农户。林木间隙狭窄，生长得却十分茂盛。

▶ 收获咖啡果实后，当地人用手动脱壳机去除果肉，制成"羊皮纸咖啡豆"。

▶ 去除果肉后进行自然晾晒。

▶ LCF曼特宁在第一次人工粗选后，还要经由4位熟练工人再次进行严格筛选，生产出可供销售的最终批次。经过精心挑选的LCF曼特宁具有十分纯净的口味。

也门 依诗玛莉咖啡豆

源于传统工艺和品种的辛香与干香

An attractive taste of dry and spiciness created from the traditional breed and process.

生豆

中度深烘

也门是一个保留了咖啡传统工艺和品种的特殊产区,这里出产的咖啡在香气方面具有非常突出的特点。堀口咖啡对原装进口的新鲜也门咖啡豆极为推崇,数年来一直不间断地进行采购。依诗玛莉产区位于也门首都萨那西边哈拉兹地区的西部,当地种植的小粒豆颗粒细小,即使在以小粒著称的也门豆中也属于极细小的品种,一望可知不同于当地的其他品种,而它的独特魅力在于它所独有的辛香与干香。

品尝感受 TASTING REVIEW

Full City Roast
中度深烘

如同巧克力般的滑润中充满了辛香与干香的味道,类似蒸馏酒的风味,冷却后散发出类似西梅干的果香。

☀ 产地: 依诗玛莉地区　☀ 品种: 小粒原生品种
☀ 海拔: 2000 米以上　☀ 精制方法: 日晒法

▲ 哈拉兹地区的咖啡种植园景色。当地人充分利用地形和少雨的气候，营造出整齐的梯田。

▶ 咖啡果实。到了收获期，农场将分三四次进行人工采摘。

▶ 农场的工人。正如图片中所示的那样，也门的成年男性通常随身佩戴着当地称为"占比亚"的短剑。相比于实用性而言，这种短剑更像是用来表明家族或部族身份的标志。

了解咖啡豆

挑选咖啡豆时,首先要了解豆子的产地来源。
从包装标识上,可以了解到豆子的主要特点。

LOCATION(产地)

在咖啡豆的外包装上,不仅会标识出诸
如巴西、哥伦比亚、肯尼亚等出产地的
"国名",还会详细说明豆子具体产于该
国的哪个"地区"、甚至哪个"农场或种
植园"。而且,即使出自同一产区,豆子
的味道也会因海拔、日照时间、降雨量、
土壤等因素而产生微妙的差异。在选择
单品咖啡所用的咖啡豆时,最好能聚焦
于某个农场或种植园。

PROCESSING(精制法)

去除咖啡果实的外皮和果肉、获得完整
的咖啡种子的过程被称为"精制",主流
的精制工艺大致可分为"日晒法""水洗
法"和"湿刨法"三种。此外,在印度
尼西亚还有当地特有的"苏门答腊式水
洗法"。

VARIETY(品种)

目前,大家饮用的咖啡品种大多是"阿
拉比卡咖啡",其中又细分为"铁皮卡""波
旁""卡杜拉"等子品种。近来出售的
精品咖啡通常在产地之外还会特别注
明咖啡豆的品种。

ROAST(烘焙火候)

烘焙火候直接决定咖啡的味道。标识烘焙
火候的术语有几种,堀口咖啡销售的烘焙
咖啡豆通常按火候由浅至深分为"中等烘
焙(Medium)""城市烘焙(City)""中度
深烘(Full City)""法式烘焙(French)""意
式烘焙(Italian)"等五种。

堀口咖啡销售的单品咖啡所用咖啡豆的外包装
上,都贴有记载着豆子详细信息的标签。类似红酒
的酒瓶上通常会贴有的标明酿造地点、酒庄名称、
酿造所用的葡萄种类等的酒标。咖啡客可根据标
签提供的信息,从不同种类的豆子中选择自己喜爱
的品种,通过亲口品尝了解不同咖啡豆的特点。在
阅读标签时,很多人往往会先留意豆子的原产地,
但事实上,更应关注的是烘焙火候与精制方法。烘
焙火候通常可分为从"浅度烘焙(Light)"到"意
式烘焙(Italian)"等8个等级(参照第13页)。

堀口咖啡自家烘焙的咖啡
自从创立以来，堀口咖啡始终坚持对生豆进行深度烘焙，以便在不损失豆子原有特色的前提下，最大限度地激发豆子的潜力。

挑选优质咖啡豆的秘诀

①了解烘焙火候（ROAST）

一般来说，浅度烘焙的咖啡豆酸味较强，深度烘焙的则苦味明显。浅度烘焙的豆子会散发出果香或花香，深度烘焙的豆子则会带有香草或坚果的香气，口感也更为滑润。

②了解精制方法（PROCESSING）

采用机械手段去除果肉，并用流水清洗掉咖啡豆表面的果胶的"水洗法"精制而成的咖啡豆口味纯正，不含杂质；带着果肉直接进行自然晾晒的"日晒法"制成的豆子，则以味道浓厚、复杂为特色。"湿刨法"产出的豆子的味道则居于两者之间。

③了解产区与农场（LOCATION）

出自不同产区的咖啡豆在酸味、苦味、香气、浓度等的平衡感方面也各不相同。如果找到了自己喜欢的豆子，不仅要了解出产的国家，还要牢记它的产区和农场。

④了解品种（VARIETY）

与葡萄酒行业对葡萄品种的重视相比，咖啡的品种差异对咖啡味道的影响并没有那么大。所以，应优先重视的仍是烘焙火候、精制方法和产地。

烘焙程度最浅的咖啡豆酸味较强，几乎感觉不到苦味。而经过"深度中烘""法式烘焙"后，咖啡的浓度开始变得饱满起来。烘焙程度最深的"意式烘焙"则苦味浓重、夹杂着一些焦香。不同精制法对味道的影响远不及烘焙火候那么大。在去除果皮和果肉中大量使用水洗加工的"水洗法"制成的豆子通常味道清新爽快，而采用自然晾晒制成的"日晒豆"则口味醇厚浓烈，还带有果香（参考第4页）。

磨豆

推荐：

中等粗颗粒

为了冲泡出美味的咖啡，堀口咖啡通常推荐消费者采用较粗粒度的研磨标准。豆子研磨得过细，细粉颗粒容易堵塞滤纸的孔隙，使得热水与咖啡粉的接触时间过长，咖啡粉中的一些杂质成分也会被萃取出来。将研磨好的咖啡粉用茶漏过筛，可以有效地去除过细的粉末。而咖啡的味道取决于多种因素的相互作用，可以先在确定好研磨方法、咖啡粉用量、水温、水量、萃取时间等之后，再开始试着体会某种豆子的特点。

觅得心仪的豆子后，便可基于固定的研磨粒度，尝试用不同的咖啡粉用量、萃取时间冲泡出不同的味道。研磨粒度对咖啡的味道影响很大，不必为了调整咖啡的浓度而随意改变研磨粒度。此外，咖啡豆被研磨成咖啡粉的瞬间会产生很大的变化，建议尽量在冲泡前再开始磨豆。在家进行研磨时，建议采用磨盘式的电动磨豆机。它操作简单，很容易磨出颗粒均匀的咖啡粉。下图中的富士咖啡机可以设置从细到粗的研磨颗粒大小，但无论是这款还是德龙的 KG364J 都不太容易磨出极细的颗粒。

磨豆机的种类与特点

磨盘式（平刀式/锥刀式）电动磨豆机

与专业人士使用的磨豆机原理相同，即通过固定的刀刃旋转，带动刀齿碾碎咖啡豆，
支持从细磨到粗磨的研磨颗粒等级设置。

螺旋桨式电动磨豆机

利用螺旋桨式的刀头将咖啡豆切碎，研磨颗粒的粗细由研磨时间决定。
为保证颗粒的均匀性，可在研磨途中变换研磨方向。

手摇磨豆机

主要推荐给喜欢亲手研磨豆子的咖啡客，但在选择型号时务必应注意，
转轴的偏离度越小越好，否则会影响咖啡粉颗粒大小的均匀度。

推荐款电动磨豆机

富士咖机 R-220 Mirukko 磨豆机

具有媲美专用设备的研磨性能，体积小巧，不占空间，运转时也很静音。

德龙锥盘式咖啡研磨机 KG364J

采用圆锥形磨盘和低速马达，将摩擦产生的热量降低到最小，以保持咖啡原有的香气和风味。

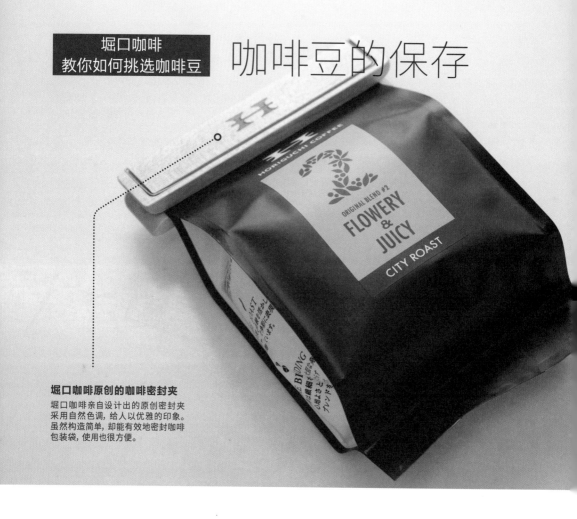

咖啡豆的保存

堀口咖啡原创的咖啡密封夹
堀口咖啡亲自设计出的原创密封夹采用自然色调，给人以优雅的印象。虽然构造简单，却能有效地密封咖啡包装袋，使用也很方便。

生豆中通常包含12%-13%的水分，经过烘焙后含水量降至1%以下。但因咖啡粉表面分布有无数极细微的小孔，很容易吸收空气中的湿气或气味，因此在保存烘焙后的咖啡豆时务必用密封夹封口，防止其与空气接触。不过，未经烘焙的新鲜生豆会持续释放出二氧化碳，所以不可密封保存。盛放这种咖啡豆的包装袋上通常都留有排气孔用以释放袋中的二氧化碳。市面上销售的咖啡豆经常采用真空包装，但如此一来，袋中的气体无法排放，时间久了可能会产生胀袋现象。如果计划在2-3周内喝完的话，可在常温下保存，否则建议冷冻保存。

密封夹的材质是经过塑化加工的木质。弹簧部分为不锈钢制，不会生锈，因此也可用于冰箱冷藏。

滤布式和KONO式萃取

滤布式萃取是专业咖啡店最喜欢采用的萃取方式之一。用表面起毛的法兰绒布充当滤纸，萃取出的咖啡醇厚圆润，口感饱满。不过与滤纸相比，滤布的水流渗透速度快，萃取效果不太稳定。而且滤布一旦堵塞后会影响萃取效果，因此，要在使用后煮沸、洗净，之后还要浸入新鲜的水中放进冰箱保存，使用起来较为麻烦。相比之下，KONO式萃取的魅力在于可以使用轻巧方便的滤纸，而且仍能获得与滤布式不相上下的美味。圆锥形的KONO滤杯底部开有较大的滤孔，确保热水不会驻留在滤杯底部，热水的下流速度与滤布相近，滤杯内侧还设有几道凸槽，起到调节咖啡液体流下速度的作用。向杯中注入热水后，水从滤杯中心向周围渗透，形成咖啡液后集中从底部流下，咖啡的香气和味道也不会逸失。

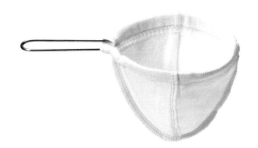

滤布的起毛面：应该是内面还是外面？
将起毛面作为"内面"，布料的纤维可防止咖啡液中的微粒子堵塞绒布的孔隙，使得咖啡液体能快速滴落。但另一方面，附着在绒布表面的微粒子很难洗掉，在清洗时会损坏起毛部分的纤维，缩短绒布的使用寿命。因此，就"起毛面应该是内面还是外面"，业界一直存在争议。

堀口咖啡特制的圆锥形KONO滤杯
带有堀口咖啡LOGO的限定版象牙色两人份滤杯，附带配套的KONO玻璃咖啡壶。

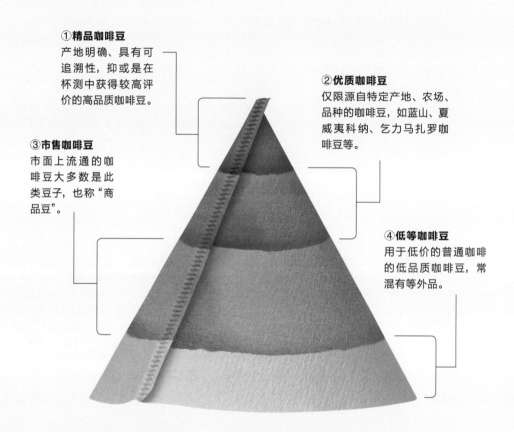

① **精品咖啡豆**
产地明确、具有可追溯性，抑或是在杯测中获得较高评价的高品质咖啡豆。

② **优质咖啡豆**
仅限源自特定产地、农场、品种的咖啡豆，如蓝山、夏威夷科纳、乞力马扎罗咖啡豆等。

③ **市售咖啡豆**
市面上流通的咖啡豆大多数是此类豆子，也称"商品豆"。

④ **低等咖啡豆**
用于低价的普通咖啡的低品质咖啡豆，常混有等外品。

咖啡豆的分类

近年来在日本咖啡爱好者之间逐渐流行起来的"精品咖啡"概念，最初是由美国精品咖啡协会（S.C.A.A）提出的。按品质由高至低，该协会将咖啡分为"精品咖啡""优质咖啡""商品咖啡"和"低等咖啡"四类，日本的咖啡业界也基本遵循这一原则来判别咖啡豆的等级。

最高级的"精品咖啡"是指产地具有明确的可追溯性、具备突出特色的咖啡。此外，还需在杯测评比中获得较高的评价。次一级的"优质咖啡"则限于某些特定产区或咖啡种植农场出品，而且带有某些"历史背景"的高品质咖啡。这两个等级的咖啡豆可以归为"单品咖啡"。"市售咖啡"及其以下等级的咖啡，均由生产国自行进行筛选、定品、出口，通常按产地的海拔、豆子大小、杂质和次品豆的比例等因素来区分和确定品质级别。

咖啡与牛奶、糖的关系

喝咖啡时加奶加糖是画蛇添足吗？虽然很多人似乎都这么以为，但实际上喝咖啡只需遵循自己的喜好即可。了解了各种咖啡豆的产地、烘焙火候差异以及自己喜欢的口味之后，无论是只喝清咖，还是加足牛奶、糖，人人都可按自己的方式随心所欲地享受咖啡。不过，如果有幸遇到了好咖啡，第一口最好还是以清咖的方式饮用，以充分体验咖啡原有的口味和香气。

欧洲人饮用咖啡的历史已有数百年之久，如今已普遍习惯添加牛奶的喝法，如调制成欧蕾、拿铁等。但如果您得知19世纪法国人在咖啡中加盐的喝法，必定会大跌眼镜吧。实际上，加入盐的咖啡会产生出更妙的口感。

总之，按自己喜欢的方式享受咖啡就好。唯一要注意的就是认真冲泡，无论浓淡冷热，正确的冲泡都不会有损咖啡的美味。

MARUYAMA
COFFEE

Maruyama Coffee's Single Origin Coffee

丸山咖啡的单品咖啡

丸山咖啡的老板丸山健太郎先生是 COE（Cup of Excellence）的国际评审员，同时又作为咖啡买家，每年约有 150 天都是在国外度过的。他从事咖啡相关工作的初衷，是出于对孕育出咖啡的自然环境以及置身其中从事咖啡生产的人们深切的感激之情。对他来说，与咖啡生产者之间相互的信任关系高于一切。他不仅努力与他们保持沟通，甚至还会帮助他们解决家庭问题。

正是基于这种牢固的人与人之间的纽带关系，丸山咖啡得以持续地培育出高品质的咖啡豆，再加上独有的烘焙技术，最终为顾客奉献出一杯杯"清醇"的精品咖啡。

丸山咖啡的单品咖啡主要来源产区

中东·非洲	亚洲·大洋洲	中美洲	南美洲
肯尼亚	印度尼西亚	危地马拉	哥伦比亚
埃塞俄比亚		洪都拉斯	玻利维亚
布隆迪		萨尔瓦多	巴西
		哥斯达黎加	
		巴拿马	

危地马拉 拉·本提西奥日晒豆

源自优质产区薇薇特南果的华美又丰富的味道

A gorgeous flavor delivered from a top production area Huehuetenango.

生豆

☀ 中度烘焙

拉·本提西奥农场位于危地马拉遍布优质咖啡农庄的薇薇特南果（Huehuetenango）地区，农场主埃戴尔福先生经营这座中等规模的种植园已经历祖孙三代。农场位于山丘朝阳面的山脊处，每年的降雨量大约为1300–1400毫米。完美的日照条件和降雨量，使得这里出产的咖啡豆具有巧克力般浓厚华美的丰富味道。

山顶上分布着广袤的种植园，周围还生长着菠萝树、柠檬树等其他树木。

品尝感受 TASTING REVIEW

Medium Roast
中度烘焙

混杂着巧克力、柑橘和桃子的风味，良好的中和感，回味悠长。

❋产地：薇薇特南果县拉·利贝尔达特艾尔·帕拉伊索村 ❋种植园 / 生产加工地：拉·本提西奥农场 ❋精制方法：水洗法
❋生产者 / 农场主：埃戴尔福·伊达鲁哥先生 ❋海拔：1720-1800 米 ❋品种：波旁、卡杜拉、卡帝姆（Catimor: 培育品种）

危地马拉 拉·贝拉农场薇拉莎奇咖啡豆

历经四代人的传统农庄培育出的丰厚香气

A rich flavor produced from the farm handed down through four generations.

生豆

☀ 中度烘焙

拉·贝拉农场坐落在危地马拉城东北方的拉斯米纳斯山区，已经历四代主人的苦心经营。咖啡种植园的地理位置、海拔、生产加工方法等都会影响咖啡的味道、香气、酸度等关键品质因素。也正因如此，在这片历史悠久的土地上，人们世代遵循着长期摸索、积累下来的咖啡种植、培育、收获和生产加工工艺，力求生产出更加完美的咖啡。现在的农场主人提奥先生还不断尝试培育各类新品种，改进生产加工工艺，以期不断提高农场出产的咖啡的品质。

使用糖度计测量咖啡果实的含糖量。

品尝感受 *TASTING REVIEW*

Medium Roast　　无花果与西梅的香气，浓厚的醇度，口感丝滑。
中度烘焙

　☀ 产区：艾尔·普洛古莱索县西耶拉·迭·米纳斯　☀ 农场/生产加工地：拉·贝拉农场　☀ 生产者/农场主：提奥多罗·恩格尔哈特4世　☀ 海拔：1450-1630米　☀ 品种：薇拉莎奇（Villa Sarchi）　☀ 加工工艺：水洗式，庭院晾晒或非洲高架床自然晾晒

107

洪都拉斯 玛利亚·阿卡迪亚咖啡豆

年年到访, 基于信任关系而实现的品质改善

By visiting every year, the producer and buyer built a bond of trust.

生豆

中度烘焙

在2011年首度拜访康古阿尔村的时候, 丸山咖啡对当地出产的咖啡进行了杯测试验, 结果发现, 这里的咖啡获得了连杯测盛会上也极少见到的97分的高分。从那以后, 丸山咖啡的员工每年都要前往当地拜访、交流, 并与当地的农场建立了长期采购咖啡豆的合作关系。不仅如此, 双方还在持续提高咖啡品质方面志同道合, 不断取得新的成果。阿卡迪亚女士的农场位于海拔较高的地区, 出产的咖啡年年都呈现出令人惊异的高品质。

玛利亚·阿卡迪亚女士。

品尝感受 TASTING REVIEW

Medium Roast
中度烘焙

樱桃、青苹果、桃子般的风味和花香, 丝滑柔和的质感、令人愉悦的持续的清爽感受。

 ☀ 产区: 印地布卡省桑·芳地区康古阿尔村 ☀ 农场 / 生产加工地: 拉·乔莱拉农场 ☀ 海拔: 1700 米 ☀ 品种: IHCAFE 90、波旁
☀ 生产者 / 农场主: 玛利亚·阿卡迪亚·贝哈拉诺女士。康古阿尔集团旗下现有 30 多位合作农户。 ☀ 精制方法: 水洗法

从阿卡迪亚女士的"拉·乔莱拉"庄园俯视山下的风景。

从洪都拉斯西部印地布卡省的中心城市桑·芳驱车45分钟左右，便来到了康古阿尔村所在的山脚下。在海拔1400-2000米的山地上，分布着大片广袤的种植园。在丸山咖啡前来采购之前，这里出产的咖啡豆一律按"商品咖啡"售卖给桑·芳地区农协或大咖啡批发商。2005年，丸山咖啡首次从这里采购咖啡，自2008年以后更是年年到访，采购量也不断增加。至2015年，丸山咖啡的采购量已达到当地生产总量的80%以上，玛利亚·阿卡迪亚女士突然之间成了当地名声在外的咖啡供应商。在对30多家农户的咖啡样品进行杯测后，专家们在其中发现了一款十分出众的咖啡，他们一面惊呼"玛利亚·阿卡迪亚究竟是何方神圣"，一面纷纷驱车前往玛利亚·阿卡迪亚女士家中拜访。她种植的咖啡带有花香和苹果香气的突出特点，尤其值得一提的是完美的中和度：酸味、甜味、醇度、香气完美融合，浑然一体。

洪都拉斯 玛利亚·桑托斯咖啡豆

优质产地、优质业者,为您奉上别具一格的一杯咖啡

An exceptional cup delivered from a wonderful production area and producer.

生豆

☀ 中度烘焙

丸山咖啡与之合作的康古阿尔集团旗下现有30多家农户。作为联合国认定的全球最贫困地区之一,这里甚至缺少水、电等基础设施。然而,这里也同时坐落着曾一度获得COE咖啡大奖的优质咖啡种植园。玛利亚·桑托斯女士就是其中的佼佼者,这位单身母亲一面独立抚养子女,一面从事着咖啡种植工作。

玛利亚·桑托斯女士。她每年的咖啡豆产量大约为15包左右,相当稀少。

品尝感受 *TASTING REVIEW*

Medium Roast 樱桃、花香、柑橘、桃子风味,以及浓厚的醇度。
中度烘焙

❂ 产区: 印地布卡省桑·芳地区康古阿尔村 ❂ 农场 / 生产加工地: 拉·马拉比加农场 ❂ 品种: 卡杜拉、IHCAFE 90、波旁
❂ 生产者 / 农场主: 玛利亚·桑托斯·贝尼苔丝·阿吉拉尔女士 ❂ 海拔: 1750 米 ❂ 精制方法: 水洗法

（JAS认证有机咖啡）

萨尔瓦多 桑塔·埃莱娜2号咖啡豆

肥沃的土壤、高海拔以及真诚合作造就的有机咖啡

Richness of soil, altitude, and their sincereness earned organic certification.

生豆

☀ 中度烘焙

这款咖啡豆是萨尔瓦多著名的种植园桑塔·埃莱娜农庄出产的有机咖啡。丸山咖啡很早就注意到,这个农场具备进行有机种植的天然优势:充分保证果树健康成长的肥沃土壤和品质很高的咖啡豆,并因此激发了帮助他们申请有机咖啡认证的想法。从2006年开始,农场全面实施有机化栽培,经过4年过渡期后,终于取得了有机咖啡认证。在这里,人们用咖啡果肉和蚯蚓进行自然施肥,农场主利马先生和员工们诚实可靠、对咖啡充满热情。再加上天然的肥沃土地,使得农场始终能够稳定地产出品质优良的咖啡。

农场中种植的"遮阳树"同时也起到了防风林的作用。

品尝感受 *TASTING REVIEW*

Medium Roast　类似柑橘或青苹果的风味,口感柔和,余味清爽。
中度烘焙

☀产区: 阿帕涅卡·伊拉马泰派克地区桑塔·阿娜省　☀农场/生产加工处: 桑塔·埃莱娜2号农场　☀海拔: 1900米　☀品种: 波旁
☀生产者/农场主: 福里阿·洛桑·梅纳·达·利马先生　☀加工工艺: 水洗式精制、非洲高架床晾晒干燥

哥斯达黎加COE评测冠军

拉·梅萨咖啡豆

获得2014年哥斯达黎加COE评测冠军
Winning lot of the 2014 Costa Rica Cup of Excellence!

生豆

中度烘焙

哥斯达黎加COE评测的冠军咖啡豆。生产出
这款咖啡豆的农场主恩里克先生认为，取得这
一殊荣要归功于2014年的好收成和改良土壤的
结果。此外，2014年在世界咖啡师大赛(World
Barista Championship)中获得冠军的来自丸山
咖啡的咖啡师井崎，也在当时的比赛中使用了恩
里克先生种植的咖啡豆。可以说，这是生产者与
咖啡师跨越了语言和文化的障碍，联手打造出一
款美味咖啡的合作典范。

位于拉·梅萨山区的农场的景色。

品尝感受 TASTING REVIEW

Medium Roast
中度烘焙　　充满桃子、热带水果、黑糖、肉桂、花香的风味，丝滑质感、
余味无穷的丰富滋味。

☀产区: 塔拉斯拉·邦迪拉·迭·多塔　☀农场/生产加工处: 拉·梅萨农场、蒙蒂·柯培伊(细磨加工)　☀品种: 卡杜拉
☀生产者/农场主: 路易斯·恩里克·纳法罗·古拉纳多斯先生　☀海拔: 1825米　☀加工工艺: 水洗法精制

哥斯达黎加 · 梅萨农场生产者恩里克先生与咖啡师井崎。

产自拉 · 梅萨农场、由蒙蒂 · 柯培伊进行生产加工而产出的两款豆子，在井崎夺得2014年世界咖啡师大赛冠军的过程中功不可没。井崎在大赛中制作的意式特浓咖啡和卡布奇诺咖啡分别采用了拉 · 梅萨农场出品的水洗豆和日晒豆。这两款豆子都产自海拔最高的1900米处，具备复杂的酸味和压倒性的甜味。经营农场的纳法罗家族痴迷于不断提高咖啡品质，尝试了各种各样的加工工艺。即使在哥斯达黎加，年轻人们也越来越不愿从事农业生产，但纳法罗家族中的年轻一代，小恩里克 · 纳法罗先生在不到25岁时就接手了农场的经营。与同为20多岁的咖啡师井崎一起，两位年轻人在国际舞台上携手取得了成功，不啻为新生代的励志典范，在哥斯达黎加也受到了极大的关注。

哥斯达黎加 布鲁马斯咖啡豆

农学博士胡安·拉蒙先生亲手打造的高品质咖啡

A wonderful quality coffee made by Juan Ramon a doctor of agriculture.

生豆

☀ | 中度烘焙

位于哥斯达黎加中央山谷地区的布鲁马斯小型咖啡加工厂出产的咖啡豆。工厂的主人胡安·拉蒙先生拥有农学博士学位,还曾数次前往日本交流访问。他不仅在自己的加工厂采用"蜜处理加工工艺"(即采用高压水泵去掉果肉后,再去除一部分黏膜进行干燥),还致力于推动这一工艺的普及推广,并基于自己的研究成果为咖啡生产者提供相关技术指导。

布鲁马斯咖啡加工厂的黏膜去除机。

品尝感受 *TASTING REVIEW*

Medium Roast 黑糖糖浆、红樱桃、柑橘般的风味。
中度烘焙

 ☀ 产区: 中央山谷 爱莱迪亚·拉夫艾尔　☀ 农场: 艾尔·圣托洛农场　☀ 生产加工地: 布鲁马斯戴尔·斯洛基(加工厂)
☀ 生产者 / 农场主: 胡安·拉蒙·阿尔巴拉德先生　☀ 海拔: 1450-1600 米　☀ 品种: 卡杜拉　☀ 加工工艺: 蜜处理加工精制法

哥斯达黎加 Sin Limites 咖啡豆

大受欢迎的咖啡加工厂匠心打造的卓越品味
An excellent taste made carefully by a superior micro mill.

生豆

中度烘焙

Sin Limites 咖啡加工厂位于哥斯达黎加优质咖啡产地之一的维斯特巴里地区。工厂主哈梅先生怀着丝毫不亚于"艺术家"的热情从事咖啡生产,运用卓越的生产处理技术打造出优质的咖啡,成为屈指可数的年年都能稳定产出高品质咖啡的生产商。他与妻子马伊贝尔女士共同拥有的埃曼纽埃尔农庄是以他们儿子的名字命名的。

农场主人哈梅先生 (右)。

品尝感受 *TASTING REVIEW*

Medium Roast
中度烘焙　　苹果、柑橘、巧克力般的风味,口感柔和,余味纯净。

☀产区: 维斯特巴里 纳朗霍 洛乌尔迪斯　☀农场: 埃曼纽埃尔农庄　☀生产加工地: Sin Limites 咖啡加工厂　☀加工工艺: 蜜处理加工
☀生产者 / 农场主: 何塞・哈梅・卡尔迪纳斯先生、马伊贝尔・巴朗泰斯女士　☀海拔: 1500 米　☀品种: 薇拉莎奇 (Villa Sarchi)

巴拿马 艾力达日晒豆

沃土与高海拔孕育出的饱满甜度与复杂酸味

A wonderful quality coffee made by Juan Ramon a doctor of agriculture.

生豆

☀ 中度烘焙

艾力达农场位于巴拿马的优质产区之一奇里基省的波魁特地区,在中美洲最高的火山之一巴鲁火山山脚下的绵延沃野中从事咖啡种植。种植园中海拔最高的地方为1960米,出于气温方面的考虑,已经是适宜种植咖啡的极限。肥沃的火山灰质土壤和高海拔孕育出当地口味纯正的优质咖啡。此外,艾力达农场还根据咖啡的品种、加工工艺等制作不同分类的咖啡。

日晒工艺制作的咖啡。

 品尝感受 *TASTING REVIEW*

Medium Roast
中度烘焙

热带水果、牛奶巧克力、朗姆酒般的风味,质感厚重、余味甘美。

 ☀ 产区: 奇里基省波魁特地区阿尔奇 · 基埃鲁　☀ 农场 / 生产加工地: 艾力达农场
☀ 生产者: 沃尔福德 · 拉马斯托斯先生、拉马斯托斯家族　☀ 海拔: 1850-1960 米　☀ 品种: 红色卡杜艾　☀ 加工工艺: 日晒法

哥伦比亚 考卡·因扎·佩德雷加尔咖啡豆

优质产地考卡的稀有品种酝酿出的复杂风味
A complicated flavor produced from a rare lot from one of Cauca's best production areas.

生豆

☀ 中度烘焙

产自哥伦比亚南部的优良产地之一考卡省东北部因扎·佩德雷加尔地区咖啡种植园联合体下属的5家种植园。这款咖啡豆的年产出量十分稀少，大约只有44包左右。精制时先用手动果肉去除机(粉碎机)剥离果肉，之后用水浸泡发酵18~24小时后，再放入贴有瓷砖的水池内进行清洗。最后，采用非洲高架床进行自然晾晒。

手动粉碎机。

品尝感受 *TASTING REVIEW*

Medium Roast　混杂着桃子、柑橘、坚果的复杂风味，质感滑润、余味清爽。
中度烘焙

☀ 产区: 考卡省因扎郡佩德雷加尔地区　☀ 品种: 卡杜拉、铁皮卡、卡斯蒂洛　☀ 加工工艺: 水洗法、非洲高架床自然晾晒
☀ 生产者: 诺尔贝·桑切、艾巴尔·罗哈斯、露丝·米拉·马萨布艾尔、阿尔穆来尼奥·皮彻、哈伊罗·皮彻等　☀ 海拔: 1700-2000 米

哥伦比亚 罗斯·尼古拉斯咖啡豆

哥伦比亚COE评比的首届冠军

The first champion of Colombia Cup of Excellence.

生豆

☀ 中度烘焙

在2005年哥伦比亚COE杯测中,来自罗斯·尼古拉斯农场的咖啡豆夺得了首届冠军。丸山咖啡赢得了当时的拍卖,继而便借此契机开始从哥伦比亚进口咖啡豆。罗斯·尼古拉斯农场则更是他们每年必定前往拜访交流的重要供应商之一。其间,由于农场主利卡乌尔泰先生遭遇歹徒袭击身故,农场一度面临生死存亡的危机局面。如今,他的妻子和儿子继承了农场,继续从事咖啡种植工作。

利卡乌尔泰先生。

 品尝感受 *TASTING REVIEW*

Medium Roast
中度烘焙

混杂着葡萄、热带水果、桃子的风味。黏稠浓厚、入口后弥漫整个口腔的甜美滋味。

 ☀ 产区:维拉省皮塔里德艾尔·迪亚蒙蒂 ☀ 农场 / 生产加工地:罗斯·尼古拉斯农场 ☀ 海拔:1654-1760 米 ☀ 品种:卡杜拉为主
☀ 生产者:斯尔蒂利·阿朗哥·迭 埃尔南蒂斯先生 ☀ 加工工艺:水洗法、自然晾晒干燥

罗斯·尼古拉斯农场的招牌。在西班牙语中，农场被称为"芬卡 (finca)"。

2005 年，在哥伦比亚首次举办的 COE 杯测评比会中，罗斯·尼古拉斯农场的咖啡豆拔得头筹。农场位于维拉省的皮塔里德市，农场中的最高海拔位置接近 2000 米。皮塔里德市是哥伦比亚产量最大的咖啡产区，分布着许多优质咖啡种

植园。罗斯·尼古拉斯农场出品的咖啡品质优良，以青苹果与柑橘般的酸味、花香和丝滑口感著称。

遗憾的是，农场的主人利卡乌尔泰先生在 2013 年遭遇埋伏在农场内的强盗，身受枪击而亡故。他的遗属们一度曾考虑出售农场，但在军中服役的长子返家后，决定与母亲一道继续经营农场。利卡乌尔泰先生亡故后的第一年，即 2014 年，农场收获的咖啡豆非但品质没有下降，反而还有所提高。今后，罗斯·尼古拉斯农场仍是值得期待的优质咖啡园。

共同商讨如何提高产品质量的家族成员们。左起第二位为利卡乌尔泰先生的太太。

玻利维亚 阿古洛·塔凯西庄园瑰夏咖啡豆

不可错过的来自阿古洛·塔凯西庄园的美味瑰夏

This rare Takesi Geisha is an unparalleled experience.

生豆

中度烘焙

阿古洛·塔凯西庄园的咖啡是世界上为数不多的高海拔咖啡。丸山健太郎先生在2007年美国精品咖啡协会举办的会议中首次接触到这款豆子，便立即为它那华美的香气、丝绒般的口感、绵绵不绝的甜美余味所倾倒。2009年，它毫无争议地获得了COE评测的冠军。阿古洛·塔凯西庄园自2008年开始种植的瑰夏品种，因其产量稀少，已经成了业界人士梦寐以求的珍品。这种散发着茉莉花香的咖啡豆，无疑是最顶级的瑰夏品种。

充分体现"来自山地"含义的生豆包装设计。

品尝感受 TASTING REVIEW

Medium Roast 混杂着花香、香茅、柑橘风味的复杂而又强烈的甜味。
中度烘焙

 ◆ 产区: 拉·帕斯省南友加斯地区的亚那加齐 ◆ 农场/生产加工地: 阿古洛·塔凯西庄园 ◆ 海拔: 1750-2600 米 ◆ 品种: 瑰夏
◆ 生产者: 卡尔洛斯·依托拉尔泰先生、玛利亚娜·依托拉尔泰女士 ◆ 加工工艺: 水洗法精制、非洲高架床自然晾晒后再进行机械干燥

可供收获的瑰夏咖啡苗木只有 150 株。

从阿古洛·塔凯西庄园的林地中,可一览无余地欣赏海拔5850米的穆尔拉达山的景色,庄园也因此被公认为世界上屈指可数的高海拔农场。"塔凯西"一词在当地的语言中意为"唤醒众人",也借用了自印加时代遗留的连接穆尔拉达山和塔凯西溪谷的山间小路的名字。

咖啡树从开花到果实成熟一般需要6到8个月时间,而在阿古洛·塔凯西庄园则需要10-11个月。因气候特殊,每年的收获量很少。瑰夏品种自2012年进入收获期以来,虽然每年的产量都有所增加,但直到2015年总共也只有不到300千克,仍然属于极其少见的珍品。这款豆子带有强烈的茉莉花香、压倒性的甜度与持久的余韵,确为罕见的精品。

"空中的种植园"阿古洛·塔凯西庄园。

巴西 萨曼巴伊亚日晒豆

最"不像"日晒豆的纯净感

This clean of a cup, no one would suspect it is a natural.

生豆

☀ 中度烘焙

萨曼巴伊亚庄园与丸山咖啡的合作始于2001年，自从在COE拍卖中中标之后，萨曼巴伊亚庄园成为丸山健太郎先生每年必定拜访的合作方之一。庄园出品的日晒豆，不仅具有日晒豆通常会具备的绝佳甜味，更重要的是，与其他产地的日晒豆相比，还具有十分突出的高纯净度。农场主康布拉亚先生始终致力于产出高品质咖啡，而这种独具特色的纯净感，某种程度上也正是他长期坚持不懈努力的结果。

萨曼巴伊亚庄园的景色。

品尝感受 *TASTING REVIEW*

Medium Roast
中度烘焙

牛奶巧克力、葡萄干、香料般的风味。复杂的味道与轻快的口感。

 ☀ 产区：米纳斯·杰拉斯州斯尔·迭·米纳斯市桑托·安托尼奥·德·安帕罗街　☀ 农场 / 生产加工地：萨曼巴伊亚庄园
☀ 生产者：恩里克·迪亚兹·康布拉亚先生　☀ 海拔：1200 米　☀ 品种：黄色波旁　☀ 加工工艺：日晒法

巴西 卡尔穆·迪·米纳斯·佩雷拉姐妹农庄咖啡豆

高海拔优质产区提升品质的累累硕果

A superior production region at a high altitude putting great efforts into quality improvement.

生豆

☀ 中度烘焙

巴西卡尔穆·迪·米纳斯地区的优质农场"佩雷拉姐妹农庄"是由佩雷拉姐妹及其家人共同经营的咖啡种植园。她们在1971年从父母那里继承赛哈德农场后,决定不进行财产分割,而是共同经营这个农场。为了提升咖啡的质量,她们尝试了各种各样的方法,诸如改善生产加工工艺、引入非洲高架床进行干燥等。

佩雷拉姐妹农庄的招牌。

品尝感受 *TASTING REVIEW*

Medium Roast　坚果、柑橘类和牛奶巧克力般的风味。
中度烘焙

☀ 产区: 考卡省因扎郡佩德雷加尔地区　☀ 品种: 卡杜拉、铁皮卡、卡斯蒂洛　☀ 加工工艺: 水洗法、非洲高架床自然晾晒
☀ 生产者: 诺尔贝·桑切、艾巴尔·罗哈斯、露丝·米拉、马萨布艾尔、阿尔穆来尼奥、皮彻·哈伊罗·皮彻等　☀ 海拔: 1700-2000 米

埃塞俄比亚 耶加雪菲·博伯亚咖啡豆

来自优质产区的中和感十足的多汁口味

A well balanced juicy flavor produced from the best production area.

生豆

☀ 中度烘焙

博伯亚咖啡加工厂所在的地区是十分理想的咖啡种植区,在海拔、气候和自然环境等方面具有得天独厚的条件。在埃塞俄比亚,咖啡种植农户通常都会将收获的鲜红色的咖啡果实送到附近的小型"加工厂"进行加工。加工厂对农户们送来的咖啡果实进行筛选后,将咖啡果实浸水发酵36小时左右,除去果肉和黏液质后进行水洗,最后在高架床上平摊晾晒10天左右进行干燥。

干燥用的非洲高架床。

 品尝感受 *TASTING REVIEW*

Medium Roast
中度烘焙

茉莉花的香气与柠檬、樱桃、蜂蜜般的风味。口感黏稠、丰富多汁、中和感十足的味道。

 ☀ 产区:霍洛米亚州博莱纳地区 ☀ 农场 / 生产加工地:博伯亚咖啡加工厂(加工厂:即进行精制加工的地方)
☀ 海拔:1800-1960 米 ☀ 生产者:加盟博伯亚咖啡加工厂的若干当地农户
☀ 品种:埃塞俄比亚原生品种的混合 ☀ 加工工艺:水洗法精制,非洲高架床自然晾晒干燥

埃塞俄比亚 耐吉塞咖啡豆

Ninety Plus 公司秉承新概念创造出的新口味

A superior taste born from the unique flavor profile of the Ninety Plus Company.

生豆

☀ 中度烘焙

"耐吉塞"并不是地名,也不是一个农场的名字。Ninety Plus 公司根据所出产的咖啡的风味、特点和味道赋予咖啡豆"耐吉塞"这个名字。考虑到当地工人们的习惯,Ninety Plus 公司在起名时还参考了当地语言的发音规律。通过推行严格彻底的品质管理规范,农场产出的咖啡始终能够保持稳定的高品质。他们还充分结合埃塞俄比亚上千种的微气候环境、无数的咖啡品种以及特有的 5 种加工工艺,源源不断地创造出各种新口味的咖啡。

体现"耐吉塞"的概念策划。(摄影: Alice Gao)

品尝感受 *TASTING REVIEW*

**Medium Roast
中度烘焙**

桃子、草莓、荔枝、梨子般的风味。有如糖浆般滑润的质感和绵长甘甜的余味。

☀ 产区: 根据"概念策划"每年都不尽相同　☀ 农场／生产加工地: 包含若干生产者、无特定的农场　☀ 生产者: 许多小规模农户
☀ 海拔: 1700-2000 米　☀ 品种: 埃塞俄比亚原生品种的混合　☀ 加工工艺: 日晒法

肯尼亚 佳洽莎咖啡豆

盛产具有丰富酸味与华美味道咖啡的优良产区

An excellent production region giving birth to coffee with dimensional acidity.

生豆

☀ 中度烘焙

佳洽莎咖啡加工厂位于肯尼亚山山麓、海拔1300米的尼埃利地区。当地土壤肥沃，种植咖啡的地理环境十分优越。尼埃利地区尤其以出产酸味丰富、带有花香和樱桃般甜美口味的优质咖啡著称。为了持续提高咖啡品质，工厂不断改善就业环境，在农业指导、融资、提高农户生活水平等方面倾注心血。

朝霞中的肯尼亚山。

 品尝感受 *TASTING REVIEW*

Medium Roast
中度烘焙

成熟的白桃、黑醋栗、柠檬、红葡萄酒般的风味。口感多汁、味道层次丰富。

 ☀ 产区：尼埃利省尼埃利地区　☀ 农场／生产加工地：佳洽莎咖啡工厂　☀ 生产者：佳洽莎咖啡工厂旗下的若干小型农户
☀ 海拔：1300 米　☀ 品种：SL28、SL34　☀ 加工工艺：水洗法、非洲高架床自然晾晒干燥

肯尼亚 卡林加咖啡豆

被茶园环绕的咖啡农场出产的多汁而滑润的咖啡

A juicy and smooth coffee created by a production region surrounded by tea fields.

生豆

☀ 中度烘焙

卡林加咖啡加工厂位于距肯尼亚首都内罗毕约100公里的中央州迪卡地区。基马陆里、卡林格、卡秋哈、穆加尔瓦4个村庄种植的咖啡果实都集中到这里进行加工。这些地区同时还是红茶的种植地区，处处可见"茶园环绕着咖啡园"的独特景象。卡林加加工厂拥有五百名以上员工，致力于在保护环境的同时不断生产出高品质的咖啡。

卡林加咖啡加工厂的招牌。

品尝感受 *TASTING REVIEW*

Medium Roast
中度烘焙

混杂着桃子、柑橘、坚果的复杂风味，质感滑润、余味清爽。

☀ 产区: 基安布省迪卡地区　农场 / 生产加工地: 卡林加咖啡加工厂 (加工地)　☀ 海拔: 1840 米　☀ 品种: SL28、SL34、Ruiru11
☀ 生产者: 卡林加咖啡工厂下属的多家小型农户　工厂经理: 萨姆维尔·穆迪迪先生　☀ 加工工艺: 水洗法、自然晾晒

布隆迪 尼扬圭咖啡豆

与众不同的华美及充满厚重感的味道

An exquisite Mandheling with a smooth richness of body and spicy after notes.

生豆

☀ 中度烘焙

在精品咖啡领域, 布隆迪是一个新兴的产地国。以 2012 年的 COE 评测为契机, 这个国家开始吸引全球咖啡行业的目光。当地从事咖啡种植的多为小型农户, 约 1350 家农户种植的咖啡果实都送往当地的咖啡工厂进行加工, 集中成品后统一销售。与其他国家出产的曼特宁咖啡相比, 这里的咖啡具有一种华美而厚重的口味, 别具魅力。

沿着宁古埃村的主要道路行走大约 10 分钟, 眼前便是广阔的咖啡种植园。

品尝感受 *TASTING REVIEW*

Medium Roast 杏子、樱桃、焦糖风味。口感丝滑多汁。
中度烘焙

 ☀ 产地: 卡扬扎姆邦加尼扬圭　☀ 农场 / 生产加工地: 姆邦加水洗加工厂　☀ 生产者: 尼扬圭当地的约 1350 家小型农户
☀ 海拔: 1800 米　☀ 品种: 波旁　加工工艺: 湿刨法、非洲高架床自然晾晒

宁古埃村收获的咖啡果实运到姆邦加水洗加工厂等待加工。

采购咖啡豆时进行的现场杯测。

业界普遍将卢旺达视为非洲精品咖啡的新星。然而，布隆迪在精品咖啡领域完全可以与它的邻国并驾齐驱。这里出产的最好的咖啡，既有肯尼亚、埃塞俄比亚咖啡那种华丽的风味，又兼具印度尼西亚咖啡那种扎实稳定的醇度。宁古埃村位于布隆迪北部的卡扬扎省，村里农户收获的咖啡果实都送往姆邦加水洗加工厂进行精制。这里出产的咖啡豆，以带有柑橘系的果香或花香和丝绒般圆润的口感为特点。从前布隆迪的咖啡产业都归属国营，但如今民营化的趋势十分迅速。原来由国营企业按统一价格收购的咖啡果实，在民营化后，也形成了市场竞争，一些优质产地或农户的高品质咖啡豆的价格开始上涨，生产者的积极性被充分调动起来。可以想见，今后这里出产的咖啡豆的质量会越来越好。

印度尼西亚 苏门答腊·阿奇·塔肯贡咖啡豆

滑润厚重、满载香料风味的别样曼特宁

An exquisite Mandheling with a smooth richness of body and spicy after notes.

生豆

中度烘焙

这种咖啡豆是由苏门答腊岛西北部塔瓦湖区周围塔肯贡村落的小农户种植的咖啡集中加工而成的。苏门答腊出产的咖啡大多采用湿刨法进行精制加工。他们采取的精制工艺十分独特，即先用传统的果肉粉碎机去除果肉，之后再趁豆子半干时剥离内果皮，制成生豆后再进行干燥。用这种工艺制成的苏门答腊生豆往往呈现出独有的青绿色外观。

筛选生豆。

品尝感受 TASTING REVIEW

Medium Roast 杏子、樱桃、焦糖风味。口感丝滑多汁。
中度烘焙

 ❋产地：苏门答腊岛阿奇州塔肯贡　农场 / 生产加工地：多家农户出品，无特定农场　❋生产者：塔肯贡的多家小型农户
❋海拔：850-1500 米　❋品种：多品种混合　❋加工工艺：湿刨法

印度尼西亚阿奇州塔肯贡收获的成熟咖啡果实。

阿奇州的小型农户们通常习惯在他们那 0.5-1 公顷的小农场中同时栽种三四个品种以上的咖啡，因此，每个品种的咖啡供货量十分有限。不少农户的咖啡树就栽种在自己的庭院之中，一到收获季节，处处可以见到农户们在自家庭院中晾晒咖啡的情景。

在咖啡果实的集散地进行果肉脱壳的咖啡女工。

丸山咖啡独家推荐
金属滤杯

作为一种新的冲泡工具，丸山咖啡十分推崇新近广受关注的金属滤杯。由于采用了金属的材质，可反复清洗，金属滤杯几乎可以半永久性地使用，而且无需滤纸，节约环保。它最大的优势则在于能够比较充分地保留咖啡油脂中包含的咖啡的原味和香气，而在使用滤纸时，这些原味和香气往往会被滤纸吸收掉大半。下面，本书将向您推荐两种在家中使用金属滤杯冲泡咖啡的方法，也就是使用与金属滤杯相同形状的金属滤网进行冲泡，或者通过一种叫做法压壶的工具用热水浸泡咖啡粉进行萃取。这两种方法都可以直接品味到咖啡豆原有的特色，在精品咖啡盛行的今天，或许是最适合精品咖啡的冲泡方式。

咖啡油脂是什么？
烘焙后的咖啡豆表面会泛起一层油光，这是豆子中包含的油分浮出的结果。而这些油分就是所谓的咖啡油脂，其中包含着咖啡豆固有的纯正味道和香气成分，使用滤纸冲泡时会有很大一部分被滤纸吸收掉。

French Press
法压壶

Metal Filter(cores)
金属滤杯

金属滤杯的优势与特点
○ 能够品味到咖啡油脂的原汁原味
○ 无需滤纸，卫生节约
○ 使用寿命长，经济实惠

法压壶冲泡的特点
充分提取咖啡油脂，冲泡出
的咖啡香气扑鼻、口感醇厚。

操作简单，直接激发出咖啡豆的本来特色

French Press 法压壶

日本人常用来泡制红茶的法压壶，在欧
洲普遍被用来冲泡咖啡。它的金属滤
网能够萃取出咖啡油脂，保留咖啡原有
的味道。另一方面，也正因为能够直接
激发出咖啡自身的特色，轻易分辨出咖
啡豆的品质高低，法压壶随着精品咖啡
的普及越来越受到人们的关注。此外，
它操作简单，只要正确控制好咖啡粉、
热水的用量和冲泡时间，任何人都能冲
泡出同等品质的咖啡。这也是法压壶
的优势所在。

三层构造的金属滤网
可拆开清洗，如有损坏，
可单独更换损坏部分。

Chambord 法压壶 0.35L
尺寸: 19cm(高)x 8cm (直径) x 14cm (宽)
材质: 不锈钢、聚丙烯塑料、耐火玻璃
其他: 可使用洗碗机清洗

用法压壶冲出美味的咖啡

STEP-1（第一步）

放入咖啡粉

打开壶盖，放入咖啡粉，轻轻抖平，预设 4 分钟定时。

STEP-2（第二步）

注入热水

向壶中注入半壶热水，注意热水务必淹过咖啡粉。开始注水时启动定时器。

STEP-3（第三步）

闷蒸

闷蒸的时间约为 30 秒。如果咖啡足够新鲜，注水也恰到好处，壶中的泡沫、咖啡粉和咖啡液会分为三层。

STEP-4（第四步）

第二次注水

待咖啡粉膨起又平落后，按画圆圈的轨迹向壶中第二次注入热水直至壶口下方 1.5cm 处。

STEP-5（第五步）

盖好盖子等候

拉出压杆，盖上盖子，按定时器预设的时间等候。

STEP-6（第六步）

按下压杆

定时满 4 分钟后，慢慢按下压杆（太快按下容易将壶中的咖啡液挤出），冲泡即告完成，可将壶中的咖啡液分杯。

金属滤杯冲泡咖啡的特点
"通透性"好，咖啡口味纯正，可充分感受到咖啡油脂中蕴含的咖啡豆的个性。

纯净的口味与丰富的香气

Metal Filter(cores) 金属滤杯

金属滤杯上带有用以萃取咖啡液的细微孔洞。孔洞的形状多种多样，如圆形、细长的条形、织锦纹般的斜条形等。孔洞形状的不同决定了萃取出的咖啡的口味。孔洞较大、水流速度较快的滤杯，萃取出的咖啡液口味清爽、口感柔和；孔洞细长、水流较慢的滤杯，则会萃取出醇度饱满的咖啡。通过与丸山咖啡的合作，大石公司(Oishi & Assoiates) 开发了cores系列金属滤杯。为了避免金属影响咖啡的味道，它的杯体采用不锈钢加表面双层镀金，非常适合用来冲泡美味的精品咖啡。

孔洞较大、不易堵塞的滤网可进行高温快速萃取。

cores 镀金滤杯
C240(1-5 杯)
尺寸:10.5cm(宽)x9cm(口径)
x7.5cm(高)
材质: 双层纯金镀金
(本体为不锈钢)、聚丙烯塑料

滤杯的滤网

只用金属滤杯也可以冲泡出好喝的咖啡

STEP-1（第一步）

放入咖啡粉
将滤杯中放入咖啡粉并轻轻抹平。

STEP-2（第二步）

第一次注水
从咖啡粉中心区开始注入热水，及至淹没咖啡粉。第一次注水的水量大约与咖啡粉的用量相同。

STEP-3（第三步）

闷蒸后第二次注水
大约进行 40 秒闷蒸后便可第二次注水。按从中心向外画圆圈的轨迹注水至杯口附近。

STEP-4（第四步）

第三次注水
趁滤杯中的液面还未完全平落时进行第三次注水。经过三次注水后，咖啡粉中的主要成分基本被萃取出来，第四、五次注水则主要以调整咖啡液的浓度为主。

STEP-5（第五步）

第四至第五次注水
方法与第三次注水相同。注水至所需要的量之后，待滤杯中的液体全部渗入壶中后即可拿掉滤杯。

STEP-6（第六步）

将咖啡液搅拌均匀
经过多次注水后，分享壶中的咖啡液或有浓淡不均的现象，可用勺子搅拌均匀后再进行分杯。

①壶嘴较细且带有弧度,保证水流均匀,可稳定注水。

②壶盖带有合页,防止冲泡时壶盖掉落。

③壶身为厚实的不锈钢,颇有重量感,耐用性也极佳。

④形状优雅的壶柄。根部带有散热用的小孔,防止壶柄过热烫手。

YUKIWA 手冲壶 M-7 容量 1.0L
手冲咖啡必备
不锈钢制
壶底直径 110mm,壶身高度 200mm

手冲咖啡与手冲壶

除了卡里塔或梅利塔滤杯、滤纸和分享壶之外,手冲咖啡必备的工具还有专用的手冲壶。它与普通茶壶最大的区别在于壶嘴。手冲壶的壶嘴在接近壶身底部的地方与壶身连接,壶嘴细长,曲线流畅。这种独特的造型不仅便于精确地调整出水量,还可确保注水时水流的稳定性。由于壶嘴与壶身的连接口较低,壶身略微倾斜便可出水。如果使用卡里塔式滤杯,则可用手冲壶在咖啡粉上按画圆圈的轨迹以细水流注水,咖啡粉遇水膨胀后充分闷蒸。过20-30秒后按要领注入热水,经过三四次反复注水后,将会充分激发出咖啡的香气。正是拜这种细长的注水壶嘴所赐,我们才得以享受到香气扑鼻的手冲咖啡。

不锈钢手冲壶

在手冲咖啡领域，不锈钢手冲壶是最常见的配置。它不易生锈，也具有较好的强度，不易变形。

Hario V60
博诺手冲壶
容量 800 毫升

细嘴、易于冲泡的不锈钢手冲壶
底部直径 144mm、壶身高 147mm

搪瓷手冲壶

搪瓷是在金属材质上喷涂玻璃质材料后加以烧制溶解的复合材料，具有较高的保温性和耐热性，其独特的颜色和质感也别具魅力。

Kalita 细口手冲壶
容量 1 升

咖啡器具名家打造的一款产品，通体搪瓷质地
底部直径 110mm

电手冲壶

无需明火也可煮沸，电手冲壶使用起来十分方便。以这款电手冲壶为例，煮沸1 杯水只需 60 秒，加满水后也只需 5分 30 秒即可达到沸点。

Russell Hobbs 7300JP
电手冲壶
容量 1.2 升

电手冲壶的经典代表作
带有自动断电功能
壶底直径 130mm、壶身高 230mm

冲咖啡应该用什么样的水

专业的咖啡店里究竟用了什么样的水才冲出那么美味的咖啡？好奇的客人时常会对东京的精品咖啡名店或红茶名店的专业人士提出这样的问题。那么，答案是什么呢？原来，名店铺里使用的水不过是东京最普通的自来水而已。虽然冲泡时所需的水温不同——冲泡红茶要用100℃左右的沸水，而冲泡精品咖啡的最佳水温是82℃，但他们所用的水，的的确确都是经过滤水器处理的普通自来水。

很多人以为，那些来自名产地的瓶装水用来冲泡咖啡效果会更好。然而事实上，在日本国内罐装的瓶装水都必须经过加热消毒，因此，水中所包含的氧气、二氧化碳等在消毒过程中都已逸失殆尽。从专业咖啡师的角度看来，用这样的水来冲泡咖啡，很容易导致醇度不足、有欠滑润、产生异味等现象。人们时常谈及的有关水的话题，诸如用硬水冲泡深度烘焙的咖啡容易加重苦味，浅度烘焙的咖啡应当用软水冲泡，又或者是用山中的水冲泡咖啡更好喝，等等，实际上可能都是因为水中含有的氧气成分没有遭到破坏，仍保持着"新鲜水"的水质罢了。

Masafi 矿泉水
用沙漠中极细的沙子过滤的
非加热消毒型天然矿泉水。
迪拜连续 38 年的销量冠军。

饮用咖啡
可降低死亡风险

日本国立癌症研究中心最新发表的研究报告显示，长期饮用咖啡可降低心脑血管疾病导致的死亡风险。

该中心对 9 万名 40–69 岁的男性和女性进行了长达 20 年的跟踪调查，并根据日常饮用咖啡的习惯，将这些研究对象分为五个群组（从"基本不喝咖啡"到"每天喝五杯以上"）进行分析。结果表明，"每天饮用 3–4 杯咖啡"的人死亡概率最低。如果假设"几乎不喝咖啡"群组的死亡概率指数为"1"的话，则"每天饮用 3–4 杯咖啡"的人此项概率只有"0.76"。即相比从不喝咖啡的人，经常饮用咖啡的人死亡概率降低了24%。而且，只要每天的饮用量不超过4杯，则饮用量越大，死亡风险越低。

研究还表明，由于咖啡中含有能够有效改善血糖值、调整血压、提高血管内壁功能的绿原酸和咖啡因等成分，饮用咖啡可有效地降低心脏、脑血管、呼吸类疾病的死亡风险。

了解组合咖啡

Original
Blended Coffee
Select 62

Blended Coffee
组合咖啡

在精品咖啡名店中，品尝一杯店家施展各自的诀窍烘焙出的咖啡，也是充满乐趣的咖啡体验。根据自己摸索的结果，各家店的组合咖啡配方绝非 1+1=2 的简单叠加，而是充满了单品咖啡不可比拟的魔法般的魅力。因此，有时也能在其中发现极具魅力的优质咖啡豆。在下面的章节中，我们将向您介绍咖啡巴赫、堀口咖啡、丸山咖啡等日本各地从事自家烘焙的知名咖啡店铺的单品和组合咖啡。

基于明确目标打造的咖啡老店的绝佳之品

The well-established exquisite blend which was produced with a clear intention.

 咖啡巴赫　　　　　　　　　　　　　　　　📍 东京·台东区

http://www.bach-kaffee.co.jp/　　⊛ 可邮购(400克起)

巴赫招牌组合咖啡

100g/620 日元 (不含税)
组合成分: 哥伦比亚苏帕摩塔米南哥 1、危地
马拉孔波斯特拉 1、巴布亚新几内亚 AA 1、巴
西 W1 咖啡豆等。

意式组合咖啡

100g/648 日元 (不含税)
组合成分: 印度 APAA 1、肯尼亚 AA 1、巴西 W
2 咖啡豆等。

咖啡巴赫的组合咖啡至少包含3种以上的咖啡豆。不同品种的咖啡豆会分别进行单独的烘焙，以便激发出各品种豆子独有的个性。因此，咖啡巴赫的组合咖啡绝非只是将数种咖啡豆简单混合，而是基于明确的目标研制出的各种新口味。例如，"巴赫招牌组合"最重视苦味，因此其成分以深度烘焙的哥伦比亚咖啡豆、危地马拉和巴布亚新几内亚的精选咖啡豆为主，力求表现出咖啡原有的上佳品质与苦味。"意式组合"虽也采用深度烘焙的咖啡豆(尤其是重度烘焙的巴西生豆)，但在强调苦味的同时，制成后的成品却另有一种清爽宜人的口感。

在咖啡巴赫，经过手工仔细挑选的咖啡豆会按当天的用量，在特别定制的烘豆机上进行现场烘焙。以店铺之名冠名的"巴赫招牌组合咖啡"曾被指定为 2000 年 7 月召开的冲绳 G8 峰会晚宴用咖啡，成为款待各国首脑的上乘佳品。

柔和系列组合咖啡

100g/629 日元（不含税）
组合成分：巴拿马·唐帕奇铁皮卡 1、尼加拉瓜 SHG 1、巴西 W 2 咖啡豆等。

轻柔系列组合咖啡

100g/620 日元（不含税）
组合成分：多米尼加·哈拉巴克阿 1、海地·马尔布兰奇 2、巴西 W 2 咖啡豆等。

另一方面，"柔和"系列主要侧重于呈现中等烘焙的豆子所特有的清爽的酸味。果香和花香则进一步将这种酸味衬托得更为突出。而"轻柔"系列则只采用轻度烘焙过的豆子，力求凸显出酸味与苦味的中和感，更适宜于入门级爱好者与中老年顾客饮用。

地址：〒111-0021 东京都台东区日本堤 1-23-9
tel: 03-3875-2669 fax: 03-3876-7588
营业时间：8:30-20:00 休店日：每周五

组合咖啡专家打造的 9 款精品

Selected 9 types created by the blend making specialists.

 堀口咖啡

◉ 东京·狛江市、世田谷区、涩谷区

http://www.kohikobo.co.jp/　◉ 可邮购

#1 BRIGHT & CITRUSY
（1 号组合：明快与柑橘系列）组合咖啡

High Roast 深度中烘
200g/1200 日元（不含税）
组合成分：危地马拉桑塔·卡特里娜农庄珍藏级
咖啡豆、肯尼亚卡拉图咖啡工厂咖啡豆。

#2 FLOWERY & JUICY
（2 号组合：花香与果汁系列）组合咖啡

City Roast 城市烘焙
200g/1200 日元（不含税）
组合成分：哥伦比亚艾尔·帕拉伊索咖啡豆、埃塞
俄比亚蒂博咖啡豆。

堀口咖啡认为，开发新品种的组合咖啡是探索新味道的创造性行为。不仅要掌握作为原材料的各种咖啡豆的原有特色，更要通过组合，使得它们相辅相成，产生出更加美妙的滋味。而合格的原材料，则只限于可与单品咖啡媲美的高品质豆。甚至可以说，为了研制出口味绝佳的组合咖啡，不惜四处搜寻各种优质的单品咖啡豆。从口感轻快的"1 号"组合到味道厚重的"9 号"组合，堀口咖啡为咖啡爱好者提供9 款不同层次的组合咖啡。其中最受欢迎的当属"7 号 BITTERSWEET & FULL-BODIED（苦甜相间和完美醇度）"组合。这款组合咖啡共由 4 种深度烘焙的豆子组成，却几乎没有深度烘焙的咖啡豆所特有的焦糊味，反而兼具柔和的苦味与丰富的甜味，而且余味纯净，实属上等佳品。

2013 年 4 月重新改建后的店面，售卖的商品包括精选的当季咖啡豆和各类咖啡器具。在堂食区，除手冲咖啡外，还供应菜单按月更新的各种花式咖啡、圣代甜品和三明治等。此外，客人还可以在这家店里享受到本店独有的各式风味的"意式特浓"精选系列。

#3 MILD & HARMONIOUS
（3 号组合：柔和与融合系列）组合咖啡

City Roast 城市烘焙
200g/1200 日元 (不含税)
组合成分: 危地马拉桑塔·卡特里娜农庄咖啡豆、哥伦比亚艾尔·普罗古莱索农庄咖啡豆、坦桑尼亚黑晶庄园咖啡豆。

#4 SPICY & WHISKY
（4 号组合：香料与威士忌系列）组合咖啡

City Roast 城市烘焙
200g/1200 日元 (不含税)
组合成分: 也门依诗玛莉咖啡豆、Café Kotowa 邓肯咖啡豆、埃塞俄比亚伊利伽切·沃蒂日晒豆。

"7号"组合完全颠覆了深度烘焙咖啡苦味过重的固有印象。其次是"3号"组合：柔和与融合系列，这款组合绝妙地平衡了清爽的酸味、柔和的醇度与甜度，成为咖啡爱好者百喝不厌的畅销品种。此外，其他各个品种的组合也各具特色，咖啡客们大可在其中找到自己中意的口味。

※ 各组合咖啡的材料可能根据季节有所调整。

堀口咖啡 世田谷店
地址: 〒156-0055 东京都世田谷区船桥 1-12-15
tel: 03-5477-4142
营业时间: 11:00-19:00
休店日: 每月第三个周三

堀口咖啡狛江店

營 9:00-19:00　休 每周日

除了作为咖啡馆外，狛江店还同时担负着堀口咖啡烘焙工坊的功能，店内长期供应的咖啡豆超过 40 种之多。客人在咖啡馆中不仅可享用店内自制的蛋糕，还可以选购所有在店面现场烘焙的咖啡豆。对烘焙感兴趣的咖啡爱好者还可以申请观摩咖啡豆的烘焙加工过程。

〒 201-0003 東京都狛江市和泉本町 1-1-30　　03-5438-2143

#5 SMOOTH & CHOCOLATY
（5 号组合：丝滑与巧克力系列）组合咖啡

City Roast 城市烘焙
200g/1200 日元 (不含税)
组合成分: 巴拿马 Café Kotowa 邓肯咖啡豆、哥斯达黎加阿拉斯卡农场咖啡豆、巴西 Macaubas de Cima 农庄日晒豆、秘鲁费斯帕卡杜拉咖啡豆。

#6 WINEY & VELVETY
（6 号组合：红酒与丝绒系列）组合咖啡

法式烘焙
200g/1200 日元 (不含税)
组合成分: 肯尼亚卡拉图工厂咖啡豆、巴拿马 Café Kotowa 邓肯咖啡豆、印度尼西亚 LCF 曼特宁咖啡豆、埃塞俄比亚伊利伽切 · 沃蒂日晒豆。

堀口咖啡上原店

營 9:00-19:00　休 每周日

临近市中心，采用与狛江店型号不同的烘焙炉进行小批量现场烘焙，以满足店面销售咖啡豆之用。部分高级咖啡只有在这家店才能买到。店内不设堂食区，只接受外带点单。

〒 151-0064 東京都涉谷区上原 3-1-2　　03-6804-9925

#7 BITTERSWEET & FULL-BODIED
（7 号组合：苦甜相间和完美醇度系列）组合咖啡

法式烘焙
200g/1200 日元（不含税）
组合内容：危地马拉桑塔·卡特里娜农庄咖啡豆、哥伦比亚纳里尼奥·萨玛尼爱戈咖啡豆、坦桑尼亚黑晶庄园咖啡豆、巴拿马 Café Kotowa 邓肯咖啡豆。

#8 STOUT & WILD
（8 号组合：浓烈与狂野系列）组合咖啡

法式烘焙 200g/1200 日元（不含税）
组合成分：哥斯达黎加皮拉农庄咖啡豆、哥伦比亚纳里尼奥·萨玛尼爱戈咖啡豆、印度尼西亚 LCF 曼特宁咖啡豆。

#9 SMOKY & SYRUPY
（9 号组合：烟熏与糖浆系列）组合咖啡

意式烘焙 200g/1200 日元（不含税）
组合成分：哥斯达黎加皮拉农庄咖啡豆、哥伦比亚纳里尼奥·萨玛尼爱戈咖啡豆、坦桑尼亚黑晶庄园咖啡豆。

堀口咖啡的咖啡教室

2011 年 10 月设立的咖啡交流中心，位于幽静的住宅区内。这里会定期举办被堀口咖啡创办人堀口俊英先生视为日常工作的咖啡研讨会和品评会等活动，现今已成为咖啡业界最新动向的发源地。

📮 〒157-0066 东京都世田谷区成城 2-20-7

时令咖啡豆与充满魅力的常备款及限量款组合

Full lineup of standard and seasonal blends as well as single origin coffees.

 丸山咖啡

● 长野县、山梨县、东京都

http://www.maruyamacoffee.com/ 可邮购

顶级产地 (grand cru) 系列咖啡

100g/800 日元 (不含税) 起、200g/1600 日元 (不含税) 起

由来自中南美洲或非洲、被公认为"顶级产地"的农场所供应的上等优质咖啡豆组成。采取分别烘焙的手法，将每种单品咖啡豆的味道都发挥到极致。组合中包含的咖啡豆均为各国 COE 评测中名列前茅的上品，每种组合都令咖啡爱好者趋之若鹜。

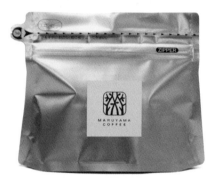

丸山咖啡招牌组合咖啡

100g/676 日元 (不含税)、250g/1352 日元 (不含税)、500g/2028 日元 (不含税)

深度烘焙的组合咖啡，自推出以来就大受欢迎，时至今日已成为店中的经典常备款。推出 24 年以来，始终坚持选用当季的新鲜咖啡豆，充满华美的香气与巧克力般的质感。

以1991年开业的首家店铺——轻井泽本店为出发点，20多年中，丸山咖啡陆续在长野县、山梨县、东京都等地开设了8家分店。丸山咖啡推出的精品咖啡中，不仅有创办人丸山健太郎先生亲自甄选的各种优质单品咖啡，还有在不同季节以应季的咖啡豆组合而成的绝妙的组合咖啡。无论是自开业以来就深受欢迎的"丸山咖啡招牌组合咖啡"，还是四季不同的"季节组合咖啡"，

乃至以轻度烘焙为主的"杜尔塞"组合咖啡，丸山咖啡的各家店铺都分别拥有各自主打的组合咖啡系列。例如，八岳山度假村分店推出的"八岳山·星空无限组合咖啡"，就以充满巧克力、柑橘、樱桃风味，醇度略显厚重，同时又带有甜美爽快口感的特点，来映衬八岳山雄浑的群山和澄澈的夜空。

改建成酒店公寓的轻井泽本店内加装了暖炉，店内一律采用木质家具，营造出暖洋洋的氛围。一边把玩各种手工制作的陶器和织物，一边沐浴着庭院中绿树枝叶间投下的柔和日光，客人们可在这里度过一段优雅的时光。透过吧台座的窗户，还可以欣赏到窗外因季节而变化的色彩与景致。

丸山咖啡
招牌组合咖啡: 经典 1991

（深度烘焙）
100g/800 日元（不含税）、250g/1600 日元（不含税）、500g/2400 日元（不含税）

仅限于轻井泽本店和邮购销售。这款组合咖啡是创办初期所推出的"丸山咖啡"的复刻版，充满黑巧克力和奶糖风味、香浓的余味和醇厚感，以深度烘焙后的醇度和悠长余味为突出特点。

季节特选组合咖啡

（中度烘焙）
100g/800 日元（不含税）、250g/1600 日元（不含税）、500g/2400 日元（不含税）

根据季节变化，甄选顶级产地的咖啡豆组合而成。2015 年版的"夏季精选组合咖啡"（销售期限为 6 月 -8 月）主打酸橙和桃子等水果风味和丝滑口感，完美营造出爽快清新的夏季心情。

轻井泽本店销售的"丸山咖啡招牌组合·经典1991"组合则带有满是黑巧克力与奶糖风味的香浓余味。这款组合可以邮购，是绝对不容错过的精品。

丸山咖啡 轻井泽本店
地址: 〒389-0103 长野县北佐久郡轻井泽町
轻井泽 1154-10 Tel/Fax: 0267-42-7655
营业时间: 10: 00-18:00 休店日: 每周二（8月份全月无休）

※ 季节组合的内容根据不同时期有所变化。顶级产地系列为单品咖啡。

丸山咖啡春榆小镇店

营 8:00-19:00　**休** 无休

位于星野度假村"春榆小镇"内的直营店。漫步在大自然环绕中的轻井泽，品尝一杯美味的咖啡，可以尽情享受避暑圣地的悠闲气氛。这里还是唯一一家附设"Books & Cafe"的店铺，顾客同时可在店内享受选购图书的乐趣。

📍 〒389-0194 长野县北佐久郡轻井泽町星野度假村春榆小镇内　　☎ 0267-31-0553

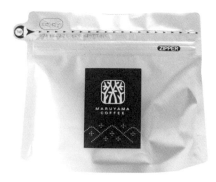

春榆小镇组合咖啡

（中度烘焙）
100g/740 日元（不含税）、250g/1480 日元（不含税）、500g/2220 日元（不含税）

仅限春榆小镇店及邮购销售。蜜橘、坚果、焦糖般的风味，口感柔和，令人愉悦的持久的甜味。

八岳山组合咖啡"星空无限"系列

（深度烘焙）
100g/740 日元（不含税）、250g/1480 日元（不含税）、500g/2220 日元（不含税）
仅限八岳山度假村分店及邮购销售。充满巧克力、柑橘、樱桃般的风味，恰到好处的厚重感，略带甜味的余韵。

丸山咖啡八岳山度假村分店

营 8:00-19:00　**休** 八岳山度假村内

设立于可远望八岳山的度假酒店——八岳山度假村内的第二家直营店。客人在这里沐浴着温暖的阳光和微风，轻啜一杯咖啡，便可体会到偷得浮生半日闲的自在心情。在不同的季节，这里还时常举办各种活动，吸引家庭游客前来度假。

📍 〒408-0044 山梨县北杜市小渊泽町129-1 八岳山度假村内　　☎ 0551-36-6590

丸山咖啡小诸店兼烘焙工坊

🕐 9:00-20:00　🏠 无休

面积开阔的小诸店内附设有丸山咖啡的烘焙工坊。透过店中的玻璃幕墙，可眺望远处的浅间山，店内的气氛十分舒展，陈设的咖啡豆、咖啡器具种类也颇为丰富。此外，这里还是日本颇具影响力的咖啡师培训基地。

📮 〒389-0092 长野县小诸市平原 1152-1 小诸店　　☎ 0267-31-0075　Fax/0267-25-5380

西麻布组合咖啡（深度烘焙）

100g/740 日元（不含税）、250g/1480 日元（不含税）、500g/2220 日元（不含税）

仅限西麻布店与邮购销售。巧克力及柑橘般的风味。稍冷后更显出华美精制的上等质感。

圣诞红 / 白组合咖啡

100g/740 日元（不含税）、250g/1480 日元（不含税）、500g/2220 日元（不含税）

由本店咖啡师调制的圣诞节限量版组合咖啡，根据烘焙火候分为红白两款。2014 年发售的红色款以深度烘焙、强调"丝绒质感与干红葡萄酒"为主题；白色款则以轻度或中度烘焙表现"清冽的空气与晶莹的雪花"的含义。

丸山咖啡 西麻布店

🕐 8:00-21:00　🏠 无休

西麻布店位于东京都港区，是丸山咖啡开设的第六家店铺。店面开阔，附设40个座位，除供应普通咖啡外，还有采用"蒸汽朋克""cores"金属滤杯等新式器具冲泡的特别款咖啡。除咖啡之外，还向客人提供优质的中国茶和日本茶。

📮 〒106-0031 东京都港区西麻布 3-13-3　　☎ 03-6804-5040

遍访全球各地农场甄选而成的优质咖啡

Coffee of the high quality selected by visiting coffee farms around the world.

德光咖啡

◉ 北海道·石狩市

http://www.tokumitsu-coffee.com/　📮 可邮购

店主亲赴12个国家，考察当地的产区和农场，与咖啡生产者深入交流，体验当地的风土人情，甄选各种优质的咖啡豆。为了保持各款组合咖啡的一贯风格，店主不惜血本地在一年中选用各季节最好的生豆进行组合。在烘焙时，无论采用何种烘焙火候，都力求获得最纯正的口味。相比于强调咖啡的酸味，这家店更重视各种味道的平衡，以及如何最大限度地发挥咖啡的"保香性"。

巧克力深烘组合咖啡

200g/1100 日元（不含税）

组合成分：
危地马拉桑塔卡特里娜庄园咖啡豆、哥伦比亚纳里尼奥咖啡豆、巴西 Macaubas de Cima 农庄日晒豆、肯尼亚卡伊纳姆伊咖啡豆、印度尼西亚林顿·尼福塔咖啡豆、埃塞俄比亚沃蒂 W 咖啡豆。

推荐理由

媲美上等可可般醇厚的口味与香气。溢满口腔的巧克力般的口感与回味悠长的余韵，令咖啡客欲罢不能。与巧克力蛋糕等甜点更是绝佳搭配。

🕐 10:00-18:00　　休 每周三

长期烘焙和销售十余种来自全球顶级产区的咖啡豆。客人只需花费 400 日元（第二杯 300 日元），即可品尝店内任意一款咖啡，因此拥有很多来自石狩市近郊乃至更远地方的回头客。在札幌市内还设有大通和圆山两家分店。※ 札幌市内分店的价格与本店略有差异。

✉ tokucafe@nifty.com　📍 061-3202 北海道石狩市花川南 2-3-185　☎ 0133-62-8030　FAX/0133-73-3113

生产者的相互信任造就的优质咖啡

Providing the excellent quality coffee beans made possible by the trust bond between the producers.

横井咖啡工房

📍 北海道·札幌市

http://www.yokoi-coffee.com/　🏷 可邮购

横井咖啡工房销售的咖啡注重发挥生豆所在产区的独特风味，且大多回味悠长，充满中和感十足的美妙味道。为了确保优质咖啡豆的采购渠道，工房加入了日本的协同采购组织"Japan Roasters Network(日本烘焙师网络)"，与全球各产区的咖啡生产者建立了长期的互信合作关系。工房还通过举办日式点心、面包烘焙研习会等周边活动，不断推广精品咖啡。

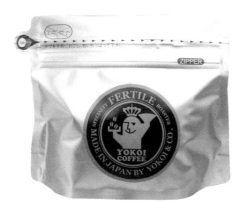

绣球花组合咖啡

100g/560 日元 (不含税)

组合成分:
危地马拉咖啡豆、萨尔瓦多咖啡豆、哥斯达黎加咖啡豆。

推荐理由

热饮冷饮俱佳的夏季组合。恰到好处的烘焙火候、焦糖或牛奶巧克力般的甜度、令人联想到李子或柑橘般的酸度，正是炎炎夏日的好选择。搭配黑森林或含有巧克力的日式点心、樱桃或其他水果蛋糕享用更是十分相宜。

🕙 10:00-19:00　💤 每周二

虽然是一家咖啡豆专卖店，但店内附设有站立式桌位。客人在店内购买咖啡豆，便可获赠两杯卡布奇诺、意式特浓或美式咖啡。出于环保的考虑，除了外带客人外，店内一律不使用纸质杯子。

✉ info@yokoi-co ee.com　🏠 〒 063-0829 北海道札幌市西区发寒 9-11-2-11　📞 011-667-1250　FAX/011-667-1261

源自顶级咖啡豆的美味咖啡

Superior beans made into a coffee of a stand out taste.

岩井咖啡

📍 北海道·札幌市

http://www.iwaicoffee.com/   📦 可邮购

岩井精选组合咖啡

100g/850 日元 (不含税)
甄选 COE 入选精品豆的超人气组合。

选豆之道
采用来自全球各地优质产区农户的精品咖啡豆，结合精湛的烘焙技术，为顾客提供极致香甜的咖啡。

🕐 10:00-18:00   ⊗ 每周日、节假日

采用意大利 S.T.A. 公司出品的热风式烘豆机进行烘焙，再以法压壶进行萃取。本店提供的咖啡具有纯净清爽的酸味和甜香滑润的味道。

📮 〒 062-0051 北海道札幌市丰平区月寒东 1-6-1-20   ☎ 011-854-6799 FAX/0800-600-4294

源自顶级咖啡豆的美味咖啡

A rich aroma to be tasted in the nature of Hokkaido.

枦屋咖啡

📍 北海道·网走市

丰盛组合咖啡 200g/1250日元(不含税)

为纪念本书的出版，店家最新发售的组合咖啡系列。香气扑鼻、口味浓烈，充满优雅而丰盛的浓香。

选豆之道
兼顾新鲜、高品质以及生产者的热诚与品格，精心挑选所用的原材料。烘焙时，尽最大努力避免破坏豆子的原有形态，力求凸显豆子的特色，激发其中蕴含的美味。

🕐 10:00-19:00   ⊗ 每周日

店内供应二十种以上的新鲜咖啡豆。客人可沿着林间小路步入店中，一边观赏绿树丛中时而闪现的花栗鼠和野生鸟类，一边品味咖啡。店铺邻近海边，每年 2 月份前后还可以观赏浮冰。

✉ roaster@hazeya-coffee.com   📮 〒 093-0033 北海道网走市驹场北 3-9-7   ☎ 0152-67-9800

面向家庭的优质咖啡豆

Delivering the best quality beans into "the coffee at home".

Café des Gitanes

◉ 青森县·青森市

http://www.cafe-gitanes.com/　🍵 可邮购

青森组合咖啡

100g/556 日元 (不含税)

选豆之道

表现 "津轻人" (青森邻近津轻海峡, 常以 "津轻" 代指) 倔强性格的扎实的苦味, 以及象征北方人的热情好客的甜味。

🕐 10:00-18:00　　🈑 每周一

店主曾在东京的名店咖啡巴赫学习, 2005 年回到故乡后创立了自己的烘焙咖啡店。店中常年销售二十种以上的咖啡豆。在这个只有 5 坪 (1 坪 =3.3057 平方米) 的小天地里, 客人们可随时享受到手冲咖啡的乐趣。

✉ cafe_des_gitanes@yahoo.co.jp　　🏣 〒030-0862 青森县青森市古川1-1-5　　☎ 017-723-0175

尽情享受每一寸空间的咖啡店

The shop atmosphere is created to be enjoyed in every inch.

08COFFEE

◉ 秋田县·秋田市

http://www.08coffee.jp/　🍵 可邮购

尽情享受 "甜味" 吧! 经过恰到好处的法式烘焙后, 不仅没有焦糊味, 反而散发出浓厚的甘甜。

选豆之道

兼顾符合本地客人口味的豆子与尚不为人所知的珍稀品种。烘焙时以 "清冽纯正" 为主要目标。

🕐 10:00-20:00　　🈑 每周三

店面位于青森县图书馆内, 客人们可以边读书边品尝咖啡。店主希望客人来店不仅仅是为了冲泡咖啡, 还时常就如何尽享店内空间的乐趣策划各种活动。

✉ coffee08@waltz.ocn.ne.jp　　🏣 〒010-0952 秋田县秋田市山王新町 13-21 三荣大厦 2 层　　📞 018-893-3330

相信一杯咖啡的力量

Believe in the power of "a cup of coffee".

风光舍组合咖啡

◉ 岩手县·雫石町

http://fukosha.web.fc2.com/ 　🔵 可邮购

风光舍组合咖啡

100g/528 日元（不含税）
酸味与苦味的良好中和，清咖或加奶饮用都十分美味。

选豆之道
从值得信任的生产者手中采购优质咖啡豆，经过仔细的手工挑选后制作成高品质的咖啡。烘焙过程中追求纯净的味道，绝不容许咖啡豆带有生涩或烟熏之气。

🕙 10:00-17:00 　　🈺 周四、奇数周的周五

店面位于岩手山南麓一栋林间小屋，店主人相信，一杯咖啡也能给人以力量，并以实现"家中的咖啡才是最好喝的"为目标，为当地顾客提供上等品质的咖啡。

✉ info@fukosha.jp 　　📮 〒020-0585 岩手县岩手郡雫石町长山堀切野8-7 　　☎ 019-693-4151

从森林之都仙台寄出世界各地的咖啡

Coffee from around the world delivered by the forest city, Sendai.

Café de Ryuban

◉ 宫城县·仙台市

http://www.cafederyuban.com/ 　🔵 可邮购

蓝莓般华美的果香、天鹅绒般的口感、温和的醇度衬托的浓度与甜度。

选豆之道
通过 LCF※ 常年进口世界各地顶级产区的高品质咖啡豆，而且优先选择因品种、种植环境、精制工艺有所差异、特点突出的豆子。

🕙 10:00-19:00 　　🈺 每周一

常备品包括二十余种精品咖啡豆，品种、烘焙程度可供选择的范围很广。另外还以"本日特惠咖啡（100 日元）"等形式供应拿铁等外带咖啡。

※LCF 是由堀口俊英先生等发起的 Leading Coffee Family 组织的简称。该组织以始终追寻最高品质的咖啡为宗旨。

📮 〒980-0873 宫城县仙台市青叶区广濑町4-27-102 　　☎ 022-264-4339

在树木与北欧家具营造的空间里自在地享用一杯咖啡

A delightful cup enjoyed in the space surrounded by nature and Scandinavian furniture.

岳山咖啡

📍宫城县·仙台市

http://fukosha.web.fc2.com/　🈂可邮购

在世界咖啡带的各产区中,店主只挑选精制工艺独特或与农场主渊源颇深的咖啡豆。巴西W与巴西N咖啡豆究竟有什么区别? 经过一番实际品尝后,店主时常会就有关精制工艺的特点与相熟的客人们大加争论。巴拿马·唐帕奇庄园的第五代主人、小弗朗西斯科·塞西尔先生培育的高品质咖啡究竟如何? 咖啡爱好者们也可以到这家店里一尝究竟。不仅如此,他们还按咖啡巴赫直接传授的手冲咖啡技术精心为客人炮制每一杯咖啡。

岳山组合咖啡

200g/1204 日元(不含税)
组合成分: 巴西 W 咖啡豆、肯尼亚 SHG 马尔奇耐思咖啡豆、危地马拉 SHB 咖啡豆、哥伦比亚苏帕摩·塔米娜咖啡豆。

选豆之道
以店铺之名冠名的招牌组合咖啡。由作为基础材料的巴西 W 咖啡豆、无论中度抑或中深度烘焙都很可口的尼加拉瓜 SHG 咖啡豆、酸味上乘的危地马拉 SHB 咖啡豆、醇度厚实的哥伦比亚苏帕摩·塔米娜咖啡豆等组合而成。充满黑加仑般的风味,兼具酸度、甜度、恰到好处的苦味和地道的醇度,凸显出格调优雅的中和感。

🕐 11:00-18:00　　🈺每月第一、三周的周二

店面位于深受仙台市民喜爱的泉岳山山麓自然风光优美的一隅。老板十分重视品质管理,连咖啡豆的标签都无一疏漏,精品咖啡更是由高级烘焙师亲自把关进行烘焙和萃取。店中全部采用北欧复古式家具,客人可在温馨亲切的环境中悠闲地度过一段咖啡时光。

📮〒981-3225 宫城县仙台市泉区福冈字岳山 7-101　　📞 022-341-3751　FAX/022-341-3752

白色小木屋里的蛋糕与咖啡店

A shop made by white log to enjoy cakes and coffee.

咖啡香坊

 福岛县·矢祭町

http://www.ko-hi-koubou.com/　可邮购

矢祭组合咖啡

100g/600 日元 (不含税)
入口后即可体验到浅度烘焙特有的豆子的扑鼻香气。充满透明感的味道。

选豆之道
只有经过亲自品尝、认可后的咖啡，店主才会向客人推荐或销售。店里供应的咖啡，一律采用足量的咖啡豆，进行中等粗细或略粗颗粒的研磨后，使用 KONO 式滤杯以手冲的方式精心冲泡。

🕙 10:00-18:00　　🈺 每周周三、每月最后一周的周四

这家以白色小木屋作为商标的店铺由店主夫妻二人打理，主打蛋糕与咖啡。蛋糕是由店主的太太亲手制作，大受客人们的欢迎。店中还准备了有田、久谷、伊万里、笠间、益子等上百款名家所制的咖啡杯供客人自由选用。

📮 〒963-5119 福岛县东白川郡矢祭町小田川字中山 17-1　　☎ 0247-34-1131

从选豆、烘焙到研磨都始终执着于新鲜

They are particular in the freshness of the beans, roast and grinding.

自家烘焙咖啡 布鲁克

 福岛县·须贺川市

http://www.kaffee-brucke.com/　可邮购

布鲁克组合咖啡
100g/602 日元 (不含税)
苦味与酸味的完美平衡、丰富的果香与饱满的醇度。中和感十足、百喝不厌的味道。

选豆之道
只采用从咖啡巴赫采购的甄选顶级咖啡豆中最新鲜的部分。根据每天的用量进行小批量烘焙，确保所售咖啡豆的新鲜状态。店面销售时，客人订购咖啡豆后会现场进行研磨，以便客人能够充分享受新鲜咖啡的香气。

🕙 10:00-19:00　　🈺 周日或其他特定日期

设有堂食的自家烘焙咖啡豆销售店。店面以实木装饰，营造出轻松愉悦的氛围。为了充分展示不同烘焙火候的咖啡豆的色彩差异，店主在店铺照明设计上也颇费心思。除咖啡豆外，店内还展示销售滤杯、分享壶等咖啡器具。

📮 〒962-0014 福岛县须贺川市西川町 56-1　　☎ 0248-75-3784　FAX/0248-75-7697

探索令咖啡达人欲罢不能的香气的世界

Pursuing the world of aroma that keeps attracting the coffee drinkers.

精品咖啡 Tonbi Coffee

群马县·高崎市

http://www.tonbi-coffee.com/　可邮购

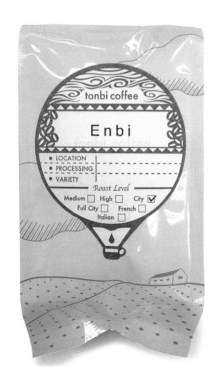

保持生豆的新鲜度自不必说,店家在挑选咖啡豆时还十分注重有突出特点的香气和良好的口感。在进行烘焙前,首先要充分理解豆子和烘豆机的特点,思考如何才能以简单的方式激发出豆子最理想的香气。采用KONO式滤杯进行萃取,根据烘焙火候调整咖啡豆的用量,力求使味道清淡的豆子变得清爽,深烘的豆子兼具滑润的口感。最重要的是,一定要在最初的2分钟内开始注水。

艳美组合咖啡

200g/1200 日元 (不含税)
组合成分: 危地马拉桑塔·卡特里娜农庄咖啡豆、哥斯达黎加阿拉斯卡农庄罗斯·杜拉斯诺斯咖啡豆哥伦比亚索塔拉咖啡豆、肯尼亚卡拉图工厂咖啡豆。

推荐理由
柔和的醇度、优雅的酸味,略带苦味。一款可充分体验咖啡魅力与奥妙的中和感十足的组合咖啡。它的酸味与苦味比较平衡,水果类甜点自不必说,与烤甜点、巧克力、日式点心也十分搭配。此外,这款组合味道也比较浓烈,即使在偏于油腻的餐后也适合饮用。

🕙 10:00-19:00　堂食区从11:00开始营业　🈺 每周二、每月第一第三周的周三

这家店距离高崎市中心约15分钟的车程,位于一处四周还散布着农田的新型住宅区内,以销售精品咖啡豆为主。店内自制的点心也颇受欢迎,客人在店中可以选用九谷烧陶瓷名家正木春藏先生制作的杯子品尝咖啡和当季的甜点。

📮 〒370-3522 群马县高崎市菅谷町531-10　📞 027-360-6513　FAX/027-360-6514

尽享厚重的醇度感与浓烈的甘美

Enjoy the thick full body and the rich sweetness.

Saza 咖啡本店

📍 茨城县·Hitachinaka市

http://www.saza.co.jp/ 　📦 可邮购

SAZA 特选组合咖啡

200g/1112 日元 (不含税)

1969 年推出以来始终畅销不衰的商品，以厚重的醇度感与巧克力般的甜美著称。

选豆之道
以哥伦比亚自有农场出产的咖啡豆为主，另选波旁、铁皮卡、瑰夏、产地原生品种等产地可追溯的咖啡豆。注重豆子稍冷后是否仍能保持醇厚感和浓烈的甜度。

🕐 10:00-20:00　　🈺 无休

拥有 108 个座位的宽大店面坐落于被自然环绕、绿意盎然的庭院之中。店内还设有便于残障人士通行的无障碍设施。在严格控制产地、避免添加剂、保障食品安全的前提下，还向客人供应各式甜点、面包等。

📮 〒312-0043 茨城县 Hitachinaka 市共荣町 8-18　　☎ 029-274-1151　FAX/029-274-1010

亲赴产地农场进行杯测的咖啡馆

Cupping the beans at the producing farm visited by themselves.

Coffee a Go! Go!

📍 茨城县水户市

http://www.mameuri.com/ 　📦 可邮购

阳光汇聚的组合咖啡

200g/1100 日元 (不含税)

开店以来最受欢迎的必备款深烘组合咖啡。充满巧克力或樱桃的风味，适合搭配甜品。

选豆之道
店主亲赴产地国考察，与生产者进行充分对话，在当地进行杯测后再进行采购。烘焙时通过辨别气味而不是观察色彩变化来判断烘焙的状态和效果。

🕐 10:00-19:00　　🈺 每周日

位于水户市住宅区街道上的精品咖啡豆专卖店。初次光顾的客人建议务必尝试"百万吨级"咖啡。店家还会以限量款或经拍卖购得的珍品豆子作为当月的特别推荐款。

📮 〒310-0836 茨城县水户市元吉田町 1633-7　　☎ 029-247-0851

农场直采的"美味咖啡"

Purchasing the "delicious beans" directly from the farm.

TABEI Coffee

📍 千叶县 · 四街道市

http://www.tabei-coffee.com/　📦 可邮购

"甜蜜的花束"组合咖啡

200g/1100 日元（不含税）

轻度烘焙，充满杏子、柑橘、鲜花般清爽宜人的香气。

选豆之道
作为 "Japan Roasters Network(日本烘焙师网络)" 的成员，店主常与其他同行共同造访咖啡种植园，严格挑选充满个性、风味多样、具有清爽的酸味与余味的咖啡豆。

🕐 10:00-19:00　🈺 每周日

作为 "Japan Roasters Network(日本烘焙师网络)" 的成员，店主常与其他同行共同造访咖啡种植园，严格挑选充满个性、风味多样、具有清爽的酸味与余味的咖啡豆。

📮 〒 284-0045 千叶县四街道市美丘 1-16-18 Piacere 101　📞 043-432-1853

手工精选、绝无杂味的咖啡

Clear taste coffee only made possible from the beans picked carefully by hand.

自家烘焙咖啡店

📍 千叶县 · 匝瑳市

http://www.deuxmoutons.com/　📦 可邮购

Deux Moutons 招牌组合咖啡
100g/519 日元（不含税）

百喝不厌的咖啡。良好的中和感，加入牛奶和糖饮用口味也相当不错。

选豆之道
严格挑选精品咖啡豆或高品质咖啡豆，烘焙前后分别进行两次手工挑拣剔除缺陷豆。为了最大限度地激发豆子的特色，还会根据季节或气候变化调整豆子的烘焙火候。

🕐 11:00-19:00　🈺 每周五

虽然是专门销售咖啡豆的店铺，但店中所有在售品种都提供免费品尝服务。店内还设有吧台，客人可一边听取拥有烘焙大师资格的店主的讲解，一边从容地挑选咖啡。店铺四周是三百六十度的绿荫环绕，充满令人心地平和的田园风光。

📮 〒 289-2167 千叶县匝瑳市龟崎 198-2　📞 0479-75-4699

充满治愈魔力的香气与味道

Anyone would be healed by the aroma and the taste of this coffee.

Café MINGO

◉ 埼玉县 · 埼玉市

🛒 可邮购

中等深度烘焙组合咖啡

100g/463 日元 (不含税)

微妙地拿捏烘焙火候,由三四种咖啡豆组合而成。充满"哦、果然是咖啡啊!"那种具有治愈魔力的香气和味道。

选豆之道
采购来自中南美洲、东南亚、非洲等全球各产区精选的优质咖啡豆。烘焙前后进行手工挑拣,不仅保证口味地道,还要确保外观漂亮整齐!

🕚 11:00-20:00　　🈺 每周四、每月第一、第三周的周三

距离东武野田线地铁的大和田站步行 15 分钟路程的自家烘焙咖啡豆专卖店。虽然邻近主街的路口,店内却是一派静谧景象。店内销售的商品只有咖啡,但也允许客人自带一些气味不那么浓烈的日式茶点。

📮 〒337-0053埼玉县Saitama市见沼区大和田町1-463-101　　☎ 048-686-4380

用著名的"江户切子"玻璃杯品味咖啡

Enjoy the coffee served in the EDO KIRIKO (traditional cutting glass).

墨田咖啡

◉ 东京都 · 墨田区

http://www.chirotah.blog24.fc2.com/

墨田组合咖啡

200g/1019 日元 (不含税)
柔和的苦味扎实的醇度微甜的余味。搭配口味厚重的奶酪蛋糕也很适宜。

选豆之道
只限于具备品种、产地、精制工艺的精品咖啡豆。烘焙时注意发挥豆子自身的特色。客人在店内购买咖啡豆还可享受一杯免费的手冲咖啡。

© 墨田地区品牌推广协会　　🕚 11:00-19:00　　🈺 每周三及每月第二、第四周的周二

客人在店中可以用墨田区的传统工艺品"江户切子"雕花玻璃杯品尝店家自行烘焙的精品咖啡。一般而言,"江户切子"多用于冷饮,但店家特别定制了适用于热咖啡的专用咖啡杯。

📮 〒130-0012 东京都墨田区太平 4-7-11　　☎ 03-5637-7783

时尚另类的咖啡豆专卖店
A very stylish specialized shop for coffee.

HIDE COFFEE BEANS STORE
（藏起来的咖啡豆商店）

◉ 东京都江东区

http://www.hidecoffee.com/　 可邮购

虽然是深度烘焙的豆子，口感却并不厚重，反而十分滑润。柔和的苦味加之微甜的余韵，用来制作冰咖啡也十分可口。

选豆之道
仅限具备突出的产地特色的精品咖啡豆。优先选择具有独特香味的非洲、中美洲、南美洲和亚洲各产区的豆子。即使采用深度烘焙，也十分重视发挥豆子的原有特色。

🕐 10:00-19:00　　🛏 每周三

店面由旧仓库改建而成，店内采用白色基调的内部装修，风格另类时尚。店中出售的选自世界各地的高品质咖啡豆，都由设在店面的烘豆机当天进行现场烘焙，以求保持最新鲜的状态。

📮 〒135-0062 东京都江东区东云1-2-1　　☎ 03-3533-1010

一杯来自法压壶的醇厚之味
A taste of French pressed deep flavored cup.

枫树咖啡屋

◉ 东京都中央区

http://www.cafe-maple.com/　 可邮购

枫树咖啡组合咖啡

100g/600 日元（不含税）
以店铺之名冠名的人气首选组合咖啡。巧克力或甜香料般浓郁香醇的味道。

选豆之道
与咖啡生产者长期合作、相互信任，只采购最优质的咖啡豆。烘焙时从细致观察香气变化入手，精心保证最佳烘焙火候。研磨时，建议采用法压壶、手冲咖啡都适宜的中粗颗粒。

🕐 周一至周五 8:00-18:30,周六 10:00-18:00　　🛏 周日、节假日

1997 年创办的咖啡馆及咖啡豆专卖店，位于市中心写字楼和公寓鳞次栉比的繁华地区。店内共有 24 个座位，供应用法压壶冲泡的精品咖啡及意式特浓、卡布奇诺等花式咖啡。

📮 〒104-0032　东京都中央区八丁堀2-22-8内外大厦1层　　☎ 03-3553-1022　FAX/03-3553-0576

因产地和精制手法而变化无穷的香气

Various flavor that changes by the production center and the refinement.

Jubilee Coffee and Roaster

 东京都港区

http://www.jubilee-coffee.jp/　 可邮购

Jubilee Blend #50/City 组合咖啡

200g/1204 日元（不含税）
甜美奢华的香气、恰到好处的醇度与轻快的酸味完美融合的中度深烘组合咖啡。

选豆之道
严选各产区特色分明、口味纯净的精品咖啡。为了让客人体验到因产地、精制手法而变化的各种各样的香气，采购生豆还十分重视品种的多样性。

 10：00-19:00　　休 每周二

邻近景色随季节而多变的庭园美术馆，按销量每天进行小批量现场烘焙。店内供应手冲咖啡和自制甜点等。

〒 108-0071 东京都港区白金台 3-18-10　　03-6721-7939

逃离日常生活的绝佳去处

Be satisfied by the coffee served in the atmosphere far from the everyday life.

CAFÉ FAÇON 中目黑本店

 东京都目黑区

http://www.cafe-facon.com/　 可邮购

法颂组合咖啡

100g/600 日元（不含税）
店家推荐的果香味最浓的组合咖啡。洋溢着鲜果魅力的精品。

选豆之道
基于多样的视角选择生豆，如作为单品咖啡时应具备细腻微妙的味道，用于组合咖啡时则又能发挥相应的潜力。不拘泥于产区，从世界各国挑选特色突出的优质单品咖啡。

 10:00-22:00（周末营业至 23:00）　　休 按法定假日

隐身于小巷 3 楼的精品咖啡专营店。兼营咖啡馆，可供人们暂时逃离琐碎的日常，静静地享用一杯咖啡。店内供应各式精品咖啡及完美搭配的自制甜点和三明治等，颇受客人喜爱。

〒 153-0051 东京都目黑区上目黑 3-8-3 千阳中目黑阿涅科斯大厦 3 层　　03-3716-8338

日本单品咖啡专营店的先驱

The leader of the single origin coffee in Japan.

NOZY COFFEE

 东京都世田谷区

http://www.nozycoffee.jp/ 🈯 可邮购

采购生豆时，负责品质管理的最高责任人会亲赴当地，与当地的生产者建立牢固的合作关系，并逐一考虑年份、土壤情况、豆子特有的风味和特征等诸多因素挑选生豆。烘焙时则会按每个品种的豆子的特点，精心进行中度烘焙。在研磨环节，除了由萃取所使用的器具调整研磨颗粒度外，还会考虑根据咖啡师或单品咖啡的差异来调整研磨颗粒，即便是（对颗粒要求不高的）意式特浓所用的咖啡粉，也会力求最大程度地提取出豆子的理想味道。

洪都拉斯 LAS MORAS

100g/1300 日元（不含税）
产自洪都拉斯的单品咖啡

选豆之道

在 2014 年洪都拉斯 COE 杯测中获得第四名的生豆。开始冲泡的瞬间会散发出有如杏子或黑莓般的香气。温度略降后则徐徐呈现出巧克力般的上等甜度和浓厚的质感。被甜美和质感包围的口感真是无比美妙。

※ 本店是单品咖啡专营店，店内只供应单品咖啡。

🕐 9:00-19:00 🚫 不定期

专营单品咖啡的 NOZY COFFEE1 号店。在组合咖啡渐成主流的今天，店主致力于追求咖啡文化的变革，创造出新的咖啡文化和"优质时间"。店内每天供应 8 种不同的咖啡豆，还提供两种意式特浓咖啡。

✉ info@nozycoffee.jp 📍 〒154-0002 东京都世田谷区下马2-29-7 📞 03-5787-8748

因产地和精制手法而变化无穷的香气

Enjoy the clear aftertaste coffee with a cake.

MUTO Coffee Roastery

📍 东京都中野区

http://www.muto-coffee.com/　 可邮购

桃园组合咖啡

200g/1100 日元（不含税）
水果般清爽的酸味与香甜的气息，余味纯净。搭配店家自制的芝士蛋糕更是绝妙的组合。

选豆之道

在精品咖啡豆中挑选带有明显产地国、产区特色的品种。店内采用荷兰 Giesen 公司出品的烘焙机。即使是深度烘焙的豆子，也尽力避免苦味过重，力求达成成品的醇度与洁净感。

🕐 11:00-20:00　　休 每周四 E-mail : info@muto-coffee.com

采购自全球各地的精品咖啡豆，每天只按销量进行小批次烘焙，确保为客人提供最新鲜的豆子。店内还供应最好的花式咖啡和大受欢迎的自制蛋糕。

📮 〒164-0001 东京都中野区中野3-34-18　　☎ 03-6382-5439

有如身在起居室中的居家风咖啡店

A coffee shop like you never left your living room.

自家烘焙咖啡 Caffè Ponte

📍 东京都昭岛市

http://www.caffeponte.info/　🖱 可邮购

Ponte 组合咖啡

100g/528 日元（不含税）
不过分追求个性或特色化，以看似普通的咖啡给客人留下深刻印象，可连饮数杯的咖啡。

选豆之道

生豆决定咖啡的味道。因此，在选豆时只考虑精品咖啡或高级咖啡豆。烘焙前后都会进行手工挑拣剔除缺陷豆。烘焙时力求激发出生豆的最大潜能。

🕐 11:30-18:00　　休 每周一、周二 E-mail : ponte@yel.m-net.ne.jp

店铺位于住宅街的小巷里一座不起眼的建筑物中。店主夫妇二人经营的两家店铺"Caffè Ponte"和"手打荞麦面·和"共居一室。店内洋溢着轻松惬意的气氛，有如置身于自家的起居室中。

📮 〒196-0034 东京都昭岛市玉川町1-11-11　　☎ 042-511-3995

"只需一杯，便觉幸福满怀"的咖啡馆

"A coffee shop that will make you happy with just a cup".

猿田彦咖啡 仙川工作室

📍 东京都调布市

http://www.sarutahiko.co/　🔵 可邮购

这家店的理念是"只需一杯，便觉幸福满怀"。希望以一杯咖啡的力量让人们展现笑脸、焕发活力，让日本乃至全世界都元气满满。店中的咖啡豆一律采用通过杯测严格筛选的甜味、酸味俱佳的优质生豆，再通过精心烘焙调制出令人惊艳的纯净质感。研磨时着重保持颗粒的均匀性，店内制作的手冲咖啡，原则上一律采用中等粒度的咖啡粉。

猿田彦法式组合咖啡

100g/670 日元（不含税）
组合成分：危地马拉、萨尔瓦多、洪都拉斯、玻利维亚咖啡豆。

选豆之道
以深度烘焙来展现精品咖啡的魅力。没有焦糊味与烟熏味，只有清澈的香气与柔和的苦味。力道强劲，甜味层次丰富，口感浓密。构成组合的几种咖啡豆相互衬托，融合出妙不可言的味道。搭配巧克力、甜点自不必说，正餐或酒后饮用也颇为适宜。

🕐 7:00-21:00 周末 10:00-21:00　　**休** 无休

距离京王线地铁仙川站步行 1 分钟左右，便可看到这家店的玻璃幕墙建筑。在店内一层的吧台上，客人可观摩咖啡师以各种手法实际操作咖啡的萃取过程。店内面积宽阔，共设有 55 个座位，除了手冲咖啡以外，还供应拿铁、卡布奇诺等花式咖啡。

🏠 〒182-0002 东京都调布市仙川町 1-48-3 P's Square　　📞 03-6909-1286

只选全球优质豆，精心烘焙以飨顾客

Delicately roasted beans by the shop that only purchases the best in the world.

TERA COFFEE and Roaster

📍 神奈川县横滨市

http://www.teracoffee.jp/　🚚 可邮购

经过深度烘焙而香味不减、醇度依旧的咖啡豆。从初入口时到最后的余味都保持完美的"纯净感"，是最为成熟的商品。烘焙中以激发豆子原有的特殊香味为目标，以详细的记录精心把控烘焙时间、温度、排气乃至出炉时间等全部细节。

横滨组合咖啡

200g/1185 日元（不含税）
组合成分：以埃塞俄比亚耶加雪菲咖啡豆为主材

（选豆之道）
这款"港口"咖啡的主题取材于埃塞俄比亚咖啡主要出口港——摩卡港和店铺所在的横滨港。以城市烘焙的埃塞俄比亚耶加雪菲咖啡豆为主材，充满果香和巧克力特有的甜香。搭配冰激凌、巧克力甜点、日式烤点心等都非常适宜。

🕚 11:00-20:00　🈳 每周一

这家自营烘焙精品咖啡豆专营店距离东急东横线白乐站只需步行 1 分钟。除咖啡外，店内还供应店家自制的甜点。其中，白乐本店只出售外带咖啡，大仓山店则设有堂食区。

白乐本店 🏠 〒221-0065 神奈川县横滨市神奈川区白乐 129　☎ 045-309-8686

拒绝杂味，绝不妥协的咖啡之道

Specifically concentrating in producing coffee without the unpleasant taste.

CAFEHANZ

⦿ 神奈川县横滨市

http://www.cafehanz.com/ 🌐 可邮购

店主曾在精品咖啡名店咖啡巴赫学艺，并忠实地继承了咖啡巴赫不妥协的咖啡工匠精神与技术。除在烘焙前后对豆子进行手工筛选，一颗一颗地除去次品豆之外，对一些在烘焙过程中豆芯部分烘烤较浅的豆子，还用咖啡巴赫特制的凸槽较高的滤杯，按咖啡巴赫指定的83℃水温进行单独冲泡，以求达到彻底摈除杂味、获得绝佳纯净感的效果。

巴西纯净组合咖啡

100g/574 日元（不含税）
组合成分: 巴西 W 咖啡豆（中等烘焙 50%、中深度烘焙 50%）

选豆之道
由中等烘焙和中深度烘焙的巴西水洗豆按各 50% 的比例组合而成。对两种豆子分别进行烘焙，直至其达到单品咖啡的标准后再进行组合，形成组合咖啡特有的美妙味道。整体口感纯净，是店主引以自豪的独创商品。

🕚 11:00-20:00　　🚫 每周四、每月第三周的周三

距离 JR 京滨东北线根岸站步行约十分钟路程，邻近根岸森林公园和三溪园。客人在店中点单后才进行现场研磨，以确保每一杯手冲咖啡都能提供纯净的口感。

📍 〒231-0836 神奈川县横滨市中区根岸町3-143　　☎ 045-625-3922

烘焙大师施展绝技打造出的上等酸味

Expression of the sourness from the good-quality bean by the roast masters.

创作咖啡工房 Crear

📍 静冈县静冈市

http://uchidacoffee.com/　🛒 可邮购

与JRN(Japan Roasters Network:日本烘焙师网络)的成员们一同进行反复的杯测之后,从各个产地挑选中意的上等咖啡豆,制成令人感动的美味咖啡。以精湛的烘焙技巧,让生产者精心培育的咖啡豆散发出它们与生俱来的魅力。只选用最上乘的豆子,通过浅度烘焙赋予其水果般清爽甘美的酸味;深度烘焙时绝无焦糊之感,而散发出饱满的香气与质感。

Crear No.1 组合咖啡

250g/1000 日元 (不含税)
组合成分: 巴西、哥斯达黎加、洪都拉斯等产区的咖啡豆及其他

〔选豆之道〕
本店的招牌组合咖啡。充满果香的爽利明快的纯净口味,中和感十足,是实至名归的上等咖啡豆。无论手冲、法压壶还是意式萃取都非常值得一试。与另一款深度烘焙、果香浓厚的组合咖啡 "Dark & Aroma" 对比品尝则更是乐趣无穷。

🕙 10:00-20:00　　🚫 每周日

从 JR 静冈站南口步行 10 分钟即可到达本店。店铺主打在 COE 杯测中名列前茅的单品咖啡豆。店主注重强调"新收成"的风味,希望能在豆子状态最好的时候将其呈现给自己的顾客。

📮 〒422-8076 静冈县静冈市骏河区八幡3-5-4　　📞 054-654-8302　FAX/054-340-8078

忠实地再现生产者期待的咖啡之味

Recreating perfectly the taste of which the producer's ideal.

Ponpon 咖啡屋

◉ 静冈县浜松市

http://www.ponponcoffee.com/　🔘 可邮购

Ponpon 咖啡

500g/1944 日元 (不含税)
带有杏子或苹果般的果香、平和均衡的酸味与苦味，最受欢迎的组合咖啡。

选豆之道
原材料仅限按 COE 标准进行过杯测的精品咖啡豆。店主亲赴中南美洲产区，从农场直接采购当地人精心培育的豆子，并力求在技术条件允许的范围内，最大限度地还原咖啡豆的原有味道。

🕙 10:00-19:00　　🈑 周二及每月第三周的周三

在浜松的当地方言中，这家精品咖啡豆专卖店的店名 Ponpon 的意思是自行车。酷爱骑行的店主在市中心开店时索性就用自行车来命名自己的店铺。店中出售的咖啡豆均从产地直接进货，并由店家自己进行烘焙。

📮 〒430-0948 静冈县浜松市中区元目町121-14　　☎ 053-454-3588

家人团聚时, 全家人都会喜欢的咖啡

A coffee to be enjoyed at family gathering.

中村咖啡烘焙店

◉ 新潟县长冈市

http://ncrs.theshop.jp/　🔘 可邮购

即使家庭成员喜好的咖啡口味各不相同，这款味道均衡的组合咖啡也能满足大家的需要，让家人团聚时不再众口难调。

选豆之道
通过从世界各地产区直接进货的烘焙师渠道采购最高品质的生豆，经过烘焙后，激发生豆的潜在魅力，制成风味、甜度、质感俱佳的美味咖啡。

🕙 10:00-18:00　　🈑 每周四及每月第一、第三周的周三

店中设有 10 个座位的堂食区，方便客人一边悠闲地品尝咖啡一边挑选心仪的咖啡豆。店中所用的咖啡杯均为芬兰 iittala 公司的产品，搭配本店咖啡的自制点心也颇受欢迎。

📮 〒940-2402 新潟县长冈市与板町与板520　　☎ 050-1515-5055

执着于探寻烘焙奥妙的咖啡烘焙馆
Discerning roast place to search the profundity of the roast.

Koffe 精品咖啡豆专卖店
📍 富山县富山市

http://www.koffe-coffee.com/　🛒 可邮购

青空组合咖啡

200g/1019 日元 (不含税)
比例均衡的中度烘焙咖啡豆组合。口味清淡,果香气十足,无论男女老少,各年龄层的顾客都对其颇为喜爱。

选豆之道
采购原材料时,基于酸味、香气、醇度等各方面因素严格甄选高品质的咖啡豆。店内引进了能够精确控制烘焙程序的 Renegade 公司出品的烘豆机,力求最大限度地保持原材料的上佳品质。

🕐 12:00-19:00,周末及节假日 10:00-19:00　休 每周四

位于日本屈指可数的赏樱圣地松川岸边。店面风格定位于"烘焙馆",装饰简洁、风格质朴。作为全日本唯一一家使用美国 Renegade 公司烘豆机的咖啡豆专卖店,在选豆、烘焙、萃取等各个环节都力求精益求精。

✉ koffe@koffe-coffee.com　📮 〒930-0095 富山县富山市舟桥南町 10-3　☎ 076-482-3131

广受全国粉丝追捧的海边的咖啡烘焙馆
A seaside roast place supported by fans from all over.

二三味咖啡
📍 石川县珠洲市

http://www.caffeponte.info/　🛒 可邮购

二三味组合咖啡

200g/852 日元 (不含税)
店主最引以为豪的深烘咖啡豆组合。余味不苦涩,反而带有淡淡的香气,确为品质优异的好咖啡。

选豆之道
凡中意的生豆,店主统统会买回来进行烘焙尝试,并从中挑选适合本店销售的豆子。店家希望客人在本店购得的咖啡豆都是烘焙得恰到好处、香气扑鼻的上乘佳品。

🕐 8:00-16:00　休 周日、周一

店面由面朝日本海的海边小船屋改建而成,虽然定位于专门从事烘焙的工房,但在库存允许的情况下也直接出售咖啡豆。该店在市区还开设有咖啡馆,客人可在由仓库改建的宽大明亮的店堂中享用咖啡和甜点。

✉ nagipro@vega.ocn.ne.jp　📮 〒927-1446 石川县珠洲市折户町木之浦 Ha-99　☎ 0768-86-2088

永远为客人提供新鲜的上等咖啡

Always delivering fresh and good quality coffee to the customer.

VENGA ! COFFEE

◉ 福井县福井市

http://venga-coffee.cloud-line.com/　📮 可邮购

在选择生豆时,固然需要考虑优异的品质,同时还十分看重生产者是否具备稳定的供应能力。只选用优质的水洗豆和高等级的豆子,烘焙前后还要以手工挑拣的方式精心剔除次品豆,以便制作出高纯净度的咖啡。在烘焙过程中,根据豆子的温度与湿度实时调整火力、排气等,确保豆芯部分也能得到充分加热,豆身整体饱满圆润。

VENGA! 组合咖啡

100g/556 日元 (不含税)
组合成分: 巴西、巴布亚新几内亚、危地马拉、哥伦比亚等产区的咖啡豆。

推荐理由

广受各类顾客青睐的标准组合咖啡。店主在其中加入了自己喜爱的各种风味咖啡豆,香气十足。与各类西式甜点搭配十分合衬,作为餐后咖啡也相当适宜。组合中的主材为哥伦比亚西帕摩咖啡豆,这个品种作为单品咖啡也非常值得一试。

🕐 10:30-19:00　　🚫 每周二

店面位于福井市的中心区,交通便利。主要出售烘焙好的各种新鲜优质咖啡豆和供外带的咖啡。店中还定期举办面向家庭的手冲咖啡体验活动等,以吸引更多人品味咖啡带来的美好体验。

✉ venga-coffee@live.jp　　🏢 〒910-0004 福井县福井市宝永 3-15-10　　☎ 0776-23-7006

展现精品咖啡的个性与风情

It expresses the uniqueness of the specialty and the "terroir".

Coffee Kajita

📍 爱知县名古屋市

http://www.coffeekajita.com/　　☕ 可邮购

"风味"组合咖啡

200g/889日元(不含税)
城市烘焙的经典组合咖啡。充满个性,中和感十足,层次丰富的醇度与香气。

选豆之道
选用被称为"精品中的精品"的LCF级咖啡豆,并在烘焙过程中最大限度地
激发豆子的原有味道,力求展现出只有精品咖啡才具有的个性与"风情"。

🕐 11:00-19:00　　🈺 不定期,参见店铺主页

由夫妇两人经营的出售咖啡豆和甜点的店铺。其中,咖啡豆全部为精品咖啡
豆,甜点则是店主自制的蛋糕、日式烤点心等。为保证材料的新鲜,蛋糕全
部为当天制作。

📍 〒465-0095 爱知县名古屋市名东区高社 1-229　　📞 TEL/FAX :052-775-5554

以爵士名曲命名的常备款商品

A standard blended coffee inspired by a famous jazz number.

Maruyoshi Coffee

📍 爱知县名古屋市

http://www.maruyoshi-coffee.com/　　☕ 可邮购

"比尔"组合咖啡

200g/1019日元 (不含税)
以名曲《Peace Piece》的作者、著名爵士钢琴家比尔·伊文思 (Bill
Evans) 命名的组合。力道强劲、余味悠长。

选豆之道
力求忠实于店铺的整体定位,不断推出令顾客惊喜和感动的商品。通过
深度烘焙激发出优质生豆的特色,所售咖啡豆多以中等烘焙和深度烘焙
为主。

🕐 10:00-18:00　　🈺 周三、周四

在以原木建造的狭长店面中,洋溢着怀旧而又摩登的祥和气氛。除了咖啡豆
之外,店内还出售店家自制的糕点、新鲜的手冲咖啡和意式特浓咖啡等。

📍 〒464-0858 爱知县名古屋市千种区千种 1-21-6　　📞 052-735-3223

彻底激发咖啡豆的独特风味

Bringing out the most of the wonderful specified aroma.

SUGI COFFEE ROASTING

📍 爱知县高浜市

http://beans-club.com/　　🔘 可邮购

蓝色笔记本季节组合咖啡

（深烘）
100g/650 日元（不含税）

黑巧克力般的风味与黑莓般的甜美。热饮冰饮俱佳。

选豆之道

通过与 JRN 的合作，从原产地直接采购具有突出风味特色的生豆，并通过精心烘焙彻底激发豆子独有的香气、甜美、质感、余味、纯净口感等。

🕐 10:00-18:00　　🛌 周日、周一

距离名（古屋）铁（路）三河高浜站步行 5 分钟路程。所售商品均为从原产地直接采购的、可称得上是"精品中的精品"的上等咖啡豆。店堂内的氛围简洁温馨，还附带销售 BODUM 公司北欧设计风格的杯子等商品。

📧 info@beans-club.com　　📮 〒444-1332 爱知县高浜市汤山町5-2-3　　☎ 0566-52-5490　FAX/0566-52-6466

以丰富的香气满足顾客的喜好

Providing a wide variation of aroma to suit every customer's choice.

SHERPA COFFEE

📍 岐阜县岐阜市

http://www.sherpacoffee.com/　　🔘 可邮购

06 号组合咖啡

200g/954 日元（不含税）
可适应不同口味喜好的绝妙的组合咖啡。清咖饮用自不必说，用于制作冰咖啡、欧蕾等也十分美味。

选豆之道

为了更好地制作咖啡，了解不同咖啡豆的特色，不断地尝试各式各样的咖啡豆，筛选出多种香味的咖啡以飨顾客。

🕐 11:00-19:00　　🛌 每周一、周二

店铺位于岐阜市市区内的长良川北岸，坐在店中，举头便可眺望金华山与百百峰。为了让普通顾客更熟悉和接受精品咖啡，店主每天都在孜孜不倦地学习，并希望能不断推广有关精品咖啡的知识。

📧 sherpacoffee@corp.odn.ne.jp　　📮 〒502-0842 岐阜县岐阜市早田1901-6 OHANA Building1F　　☎ 058-295-0136

基于杯测结果挑选咖啡豆

All coffee beans are selected based on the cuppings.

山田咖啡

◉ 岐阜县岐阜市

http://www.yamadacoffee.com/　　🔘 可邮购

山田组合咖啡

100g/600 日元 (不含税)
以店铺之名命名的深烘组合咖啡。略带苦味和果香，余味甚佳。

选豆之道
店中所有的咖啡豆都是基于杯测的结果从原产地直接采购而来。为可在烘焙中凸显各种类豆子的特色，店中所售的咖啡豆都在售出后当天进行现场烘焙。同时，还会根据日本的节气变化调整烘焙的手法和火候。

🏪 10:00-19:00　　🈺 每周二、周三

从岐阜市内有名的岐阜城堡所在地长良川河畔驱车 5 分钟，便可来到这座自带烘焙坊的精品咖啡专卖店。店内商品销售区一侧的烘焙车间里，至今还在沿用一台 1962 年产的 "Probat UG 22KG" 烘豆机。

📧 shop@yamadacoffee.com　　📮 〒502-0813 岐阜县岐阜市福光东 1-25-3　　☎ 058-231-2527

一杯美味咖啡，令时光丰盈灵动

Have a quality time with a cup of coffee.

TASTORY COFFEE AND ROASTER

◉ 岐阜县大垣市

http://tastorycoffee.com/　　🔘 可邮购

GOOD DAY 组合咖啡

200g/1100 日元 (不含税)
犹如蜜橘般优雅的酸度与甜度、醇香柔和、苦味适中。尤其重视三种香味的平衡。

选豆之道
作为选豆的基本考量因素，要求具备明确的产地、品种、栽培方法、精制工艺和完善品质管理机制；同时，咖啡豆本身应具有突出的风味特色、清爽明快的酸味和香甜的余味。店家基于上述标准，严格筛选出各方面条件都很突出的优质生豆。

🏪 11:00-19:00　　🈺 每周三

2015 年 3 月新开业的咖啡豆专卖店。店名中的 TASTORY 是由 taste+story 组成，反映出"在日常生活的某个瞬间，品尝一杯美味的咖啡，让自己沉浸在那一小段丰盈的时光之中"这一店主构想的概念。

📧 info@tastorycoffee.com　　📮 〒503-0805 岐阜县大垣市鹤见町 288　　☎ 0584-47-8336

三重县唯一的精品咖啡专营店

The one and only specialized shop for "specialty coffee" in the prefecture.

森COFFEE

◉ 三重县松阪市

http://www.moricoffee.jp/　🅰 可邮购

"森林小屋"组合咖啡

200g/1130 日元 (不含税)
初入口时带些苦味，随之而来的是一丝甜味，独特的先甜后苦的醇厚
与爽快的味道。香气浓烈，连饮数杯也毫无问题。

选豆之道
从 LCF 高品质生豆中，甄选出 10-15 种个性突出的豆子。烘焙时十
分注重保持豆子原有的特色，并精心提取出其精华所在。
※ 左边的是另一款组合"林中来信"

🕐 10:00-19:30　🚫 每周二

从伊势车道的松阪IC开车约 15 分钟即可到达。店中出售约 20 种精品咖啡豆，
是三重县品类最丰富的咖啡豆专营店。另外还供应外带的纯手冲咖啡，颇受
顾客欢迎。

📧 info@moricoffee.jp　📮 〒515-1102 三重县松阪市矢津町1586　📞 0598-36-7017　FAX/0598-36-7018

从采购到萃取，始终保持高水准

Keeping the high quality from purchasing the beans to dripping the coffee.

精品咖啡豆专卖店 Unir

◉ 京都府长冈京市

http://www.unir-coffee.com/　🅰 可邮购

"House"组合咖啡

250g/1204 日元 (不含税)
以口感浓厚著称的组合咖啡。充满牛奶巧克力、烤杏仁、黑莓般的风味。

选豆之道
只选用顶级咖啡豆。定期预测咖啡豆的收获和供应情况，根据样品
选定合用的种类后，从产地直接进口具有明确可追溯性的豆子。

🕐 10:00-19:00　🚫 每周三

专营精品咖啡豆的咖啡烘焙店，在京都近郊的卫星城长冈京市开设有本店和
长冈天神店两处门店。店主对品质要求十分苛刻，从生豆采购、烘焙、质量
管理乃至萃取等所有流程都始终保持稳定的高水准。

📧 info@unir-coffee.com　长冈天神店　📮 〒617-0824 京都府长冈京市天神1-3-21　📞 075-954-7001

与生产者保持对话、不断提高咖啡品质

Strive to upgrade the beans by sitting down knees to knees with the producer.

咖啡时光久世店

📍 京都府京都市

http://www.cafetime-kyoto.com/ 可邮购

"鞍马"组合咖啡

250g/1280 日元（不含税）
采用略深烘焙，以滑润的后感和余味悠长见长，带有水果干一般的甜味。

选豆之道

店主每年六次前往临近收获期的产地探访，与当地的生产者或出口商讨论改善咖啡品质的方法，不断提高进货质量。店中采用特殊合金制造的意大利产烘豆机，确保对生豆进行充分加热，以激发豆子的甜味和独特的风味。

🕐 8:00-20:00　休 每周三

位于 JR 桂川站、阪急洛西口站步行约三四分钟的位置，店内所有的单品咖啡都可免费试饮，供应的食品、甜点均为手工制作。出于保护环境的考虑，店家还对咖啡豆的包装袋进行回收，并鼓励客人自带容器。

✉ yuko@cafetime-kyoto.com　久世店 🏠 〒601-8211 京都府京都市南区久世高田町 35 -31　☎ 075-932-1690

以平实语言传递咖啡的魅力

Spreading the charm of coffee by using plain words.

HIROFUMI FUJITA COFFEE

📍 大阪府大阪市

http://www.hirofumifujitacoffee.com/ 可邮购

"玉造"组合咖啡

100g/556 日元（不含税）
咖啡特有的苦味、来自果实的酸味和甜味，以及醇度和余香完美调和的平衡之作。

选豆之道

为了令客人体会到"不同的咖啡之香"，店家时常会改变生豆的采购源头，不拘泥于固定的产地、产区和农场。

🕐 周二至周五 11:00-19:00,周末及节假日 10:00-19:00　休 每周一、每月第二个周二

基于"享受世界各地咖啡的丰富多彩"这一经营理念，店内提供 3 种组合咖啡和 14 种单品咖啡供客人挑选。在销售时，注重"与顾客面对面"的交流，尽量避免使用专业的咖啡术语，而代之以平实易懂的语言向顾客传播咖啡知识。

✉ info@hirofumifujitacoffee.com　🏠 〒540-0004 大阪府大阪市中央区玉造 2-16-21　☎ 06-6764-0014

"像品味葡萄酒一样享受咖啡的乐趣"

The theme is to "Enjoy coffee like a fine wine".

TAKAMURA 红酒与咖啡烘焙店 大阪府大阪市

http://www.takamuranet.com/ 　🈂️可邮购

从始终坚持参加COE咖啡拍卖的举动中,可以窥得本店店主对品质绝佳的精品咖啡的执念。COE咖啡是指各国评委一致给予85分以上高分的顶级咖啡。采购来的优质生豆,采用热风式烘豆机进行烘焙,以避免对豆子的过度加工,从而保留其原有的甜度、华美和余韵。

EDOBORI BLEND 组合咖啡

100g/700 日元 (不含税)

推荐理由

本店的招牌组合咖啡。由入选 COE 的 4 种当季顶级咖啡豆组合而成。各具特色的风味、多汁醇厚、稳健的酸味交织而成的中和感,以及五种层次、三种不同浓度的苦味,使得这款组合咖啡令人欲罢不能,生出随时随地都想要享用的渴望。

🕚 11:00-19:30　🈺 每周三

以"像品味葡萄酒那样享受咖啡的乐趣"为理念,店家从产地进口生豆到烘焙、萃取全部自行包办。在位于大阪市江户堀的约有200坪【译注:1坪=3.3057平方米】的宽敞店面中,不仅为客人提供自家烘焙的顶级咖啡豆,还设有舒适的沙发座位供客人休憩。

📧 coffee@takamuranet.jp　📮 〒550-0002 大阪府大阪市西区江户堀2-2-18　📞 06-6443-3519　FAX/06-6443-9390

为客人提供新鲜出炉的香美咖啡

Delivering the fresh coffee beans right after its roast.

田代咖啡

📍 大阪府东大阪市

http://www.tashirocoffee.com/　 可邮购

Shine Blend 组合咖啡

100g/600 日元（不含税）

由本店员工每月轮流提案而研制出的组合咖啡。名称中蕴含着"Shine（闪耀）X 员工"之意。

选豆之道

店主坚持亲赴产区，发掘产量稀少却具有较高潜力的咖啡豆。店内每逢烘焙之前，都会提前公布日期，以方便客人以预约的形式获得最新鲜的咖啡。

🏪 周一至周五9:00-19:00,周六及节假日 10:00-18:00 　🈳 每周日

店铺位于 JR 和近铁的俊德道车站步行一两分钟的距离，每天来店中购买外带或小饮一杯的客人很多。店内共有大小 5 台烘豆机和 LA MARZOCCO Strada 的 3 连意式特浓咖啡机为客人提供各种咖啡。

📧 shop-tashiro@tashiroco ee.co.jp 　📍 〒577-0809 大阪府东大阪市永和1-25-11 　📞 06-6723-3702　FAX/06-6724-8298

均衡选择五个主要产区的咖啡豆

Blending the 5 major production center beans in a perfect balance.

Lisarb 咖啡店

📍 大阪府高槻市

http://cobb.exblog.jp/　 可邮购

"Lisarb" 组合咖啡

100g/509 日元（不含税）

香气扑鼻的招牌组合咖啡。以哥伦比亚咖啡豆为主材，加入危地马拉和巴布亚新几内亚咖啡豆组合而成。

选豆之道

不拘泥于特定的品种和等级，以广泛搜罗各种美味咖啡豆为主要目的，从全球五个主要产区（南美、中美、加勒比海、非洲、大洋洲）的咖啡豆中均衡选择优质生豆。

🏪 10:30-19:00 　🈳 每周四、每月第一个周五

店面在古时九州旅馆街的旧米铺的基础上翻建而成，古意十足。为确保品质，在烘焙前会对精选过的生豆再次进行人工挑拣。烘焙时精心把握火候，力求为客人提供口感绝佳的美味咖啡豆。

📍 〒569-1123 大阪府高槻市芥川町 3-19-3 　📞 072-628-2896

追寻更加纯净的咖啡
For cleaner coffee.

树下秋天

◉ 冈山县濑户内市

http://www.kinoshitashouten.com/　　✉ 可邮购

"黑"组合咖啡

200g/1000 日元 (不含税)
醇度与香气完美中和的深烘系列组合。与巧克力蛋糕等甜品搭配十分相宜。

选豆之道

以杯测结果作为选豆的标准。优先选择即使经过法式烘焙仍不失果香的豆子。烘焙时精心调整热量与风量，确保豆子保持纯净感和充分的余味。

🕐 7:00-18:00　　休 每周四

店铺位于令人心旷神怡的大海与广袤田园环抱之间的濑户内市的中心区域，为顾客提供包括咖啡在内的一系列生活方式类商品。如各种用有机蔬菜、自制酱料烹制的菜肴、自制甜点等。

✉ kinoshitashouten@gmail.com　　🏠 〒 701-4221 冈山县濑户内市邑久町尾张 342-2　　☎ 0869-24-7733

从香气四溢的咖啡品味丰盈深沉的人生
Rich deeper life with a scent of aroma coffee.

Classico

◉ 广岛县尾道市

http://www.classico-coffee.jp/　　✉ 可邮购

深烘组合

200g/1200 日元 (不含税)
清冽透明的苦味与丰满的甜美余韵。热饮冷饮皆宜。

选豆之道

选用 LCF 等级的最高品级精品咖啡豆，并根据季节、气候的变化调节烘焙时所用的温度、排气、时间设置等，为顾客奉上最优品质的咖啡。

🕐 11:00-18:00　　休 每周二周三

店面位于风光明媚的濑户内海边的历史名城——尾道的中心街道上。店内出售经过严选的 LCF 等级的最高品质精品咖啡豆，并在店内采用直火式现场烘焙，毫不妥协地确保新鲜度。

✉ order@classico-coffee.jp　　🏠 〒 722-0035 广岛县尾道市土堂 1-3-28　　☎ 0848-24-5158

轻松享受真正的美味

Enjoy a real great taste coffee with ease.

green coffee

📍 广岛县广岛市

http://www.green-web.jp/　　🖥 可邮购

"Green" 组合咖啡

200g/972 日元 (不含税)
中和感十足、口感轻松，是最受顾客欢迎的组合咖啡。酸味和苦味都较淡，连饮数杯也很轻松。

选豆之道
为了让客人轻松享受真正美味的咖啡，店家从全球产地严选各种精品咖啡供顾客挑选。为了最大限度地激发豆子的香味，店内使用小型烘豆机每天进行小批量的现场烘焙。

🏠 10:00-19:00（周三 10:00-17:00）　　㊡ 每周日

店铺位于广岛美术馆附近古董店林立的古董街上，占据着充满欧洲风情的街道的一角。店中以销售精品咖啡豆为主，兼营各种咖啡器具和当地的食材。

✉ mail@green-web.jp　　📮 〒732-0811 广岛县广岛市南区段原1-5-7　　☎ 082-264-7084

像老式店铺那样谈笑风生地做生意

Select the beans by having a chat like shopping at a conventional market.

MOUNT COFFEE

📍 广岛县广岛市

http://www.mount-coffee.com/　　🖥 可邮购

"No.6 Good Afternoon" 组合咖啡

200g/900 日元 (不含税)
最适合向往甜品的午后时光，略带苦味、醇厚浓重、充满香甜的气息。

选豆之道
采用精选的新鲜精品咖啡豆，尤其是在产地、品种、精制工艺方面具有突出特点的豆子。采用独特的烘焙方法激发生豆本身的特点。

🏠 10:00-19:00　　㊡ 每周日

店内陈列着法国老工厂风情的复古家具和器物，洋溢着一派安详平和的气氛。透过玻璃隔断，客人还可观摩烘焙室内的情景。店门外是熙熙攘攘的商业街，客人们在店中可以像在过去的老店铺一样，一边与店员说说笑笑，一边挑选咖啡豆。

✉ info@mount-coffee.com　　📮 〒733-0821 广岛县广岛市西区庚午北2-20-13HT大楼101　　☎ 082-521-9691

在这里, 遇见世界各地的人们以热情培育的咖啡豆

An encounter with the beans grown by love from all over the world.

CAFE ROSSO 咖啡豆专卖店+咖啡馆　⊙岛根县安来市

http://www.caferosso.net/　　🌐 可邮购

意式特浓组合 "Basic"(意式特浓专用)

200g/1000 日元 (不含税)
香气馥郁、口感圆润, 满口丝滑的意式特浓咖啡专用组合咖啡。

选豆之道
店主始终对那些充满热诚、在品质上毫不动摇的世界各地农场所供
应的优质咖啡豆充满感恩之心, 并希望通过精心的烘焙, 向顾客传
递精品咖啡中蕴含的极致美味。

🕐 10:00-18:00(最后点单时间 17:30)　　🛌 每周日

店内兼设咖啡馆和咖啡豆专卖店, 客人既可在店中品尝世界顶级的意式特浓
咖啡和精品咖啡, 又可选购用于制作手冲咖啡的咖啡壶。

📮 〒692-0027 岛根县安来市门生町4-3　　☎ 0854-22-1177

能够向客人信心十足地推荐的好咖啡

A coffee recommended to customers with confidence.

Milton Coffee Roastery 弥尔顿咖啡烘焙店

http://www.miltoncoffee.com/　　🌐 可邮购　　⊙山口县周南市

"Girasol" 组合咖啡

250g/1600 日元 (不含税)
由深烘的桑帕布洛农场和圣何塞农场咖啡豆、中等烘焙的塞罗吉西
耶罗农场的咖啡组合而成, 拥有很多铁杆粉丝。

选豆之道
与当地的生产者深入交流, 充分调查核实农场的加工流程、设备的卫
生情况之后再进行采购, 确保向客人提供值得信赖的商品。烘焙时注
重发掘豆子的潜力, 使之在多个层面上得以充分展示自身特色。

🕐 9:00-19:00　　🛌 每周一

店主人按照自己曾居住过 10 年的澳大利亚布里斯班的风格装饰店面, 虽然
店内未设堂食区, 却通过现场演示法压壶萃取、手冲咖啡的制作流程等方式,
向客人传授在自家享用咖啡的方法。

✉ inquiry@miltoncoffee.com　　📮 〒745-0006 山口县周南市花畠町1-1　　☎ 0120-56-3610　FAX/0834-33-8874

美味咖啡在手，日常生活也丰盈

Everyday life would be much richer with a delicious coffee.

Thoth Coffee

◉ 香川县宇多津町

http://www.thothcoffee.com/　◉ 可邮购

根据杯测结果判断生豆的品质，只采购具有绝佳风味与口感的豆子。这家店铺的采购代理人在产地从事直接咖啡贸易，本着信任感高于一切的宗旨，与当地生产者建立了长期合作关系，主要采购小农场或大农场细分出来的稀少产量咖啡豆。品种的更替较为频繁，客人可尝试各种不同口味的咖啡。

"Thoth" 组合咖啡

100g/595 日元（不含税）
组合成分：巴西、洪都拉斯、危地马拉咖啡豆。

推荐理由

具有巧克力和榛子般的香气，口感顺滑、余味香甜，是广受欢迎的常备款商品。与生奶油和巧克力制成的甜点搭配更是口味绝佳。此外，与各类面包、食物搭配也都非常美味，最适合家庭日常饮用。

🕐 9:00-19:00　　**休** 每周五

通过批发采购商直接从产地进口生豆，自行烘焙后进行销售。店铺位于面朝濑户内海的宁静之地，宽大的玻璃窗外是丛丛绿荫。客人可在店中品尝使用法压壶、意式特浓等多种手法冲泡的咖啡，店内自制的甜点也十分可口。

✉ info@thothcoffee.com　🏠 〒 769-0201 香川县绫歌郡宇多津町浜一番丁 3-8　☎ 0877-85-5895

讲述美味背后的故事

There is a story to tell behind the wonderful taste of coffee.

branch coffee

 爱媛县西条市

http://www.branchcoffee.jp/　🔘 可邮购

"纯粹"组合咖啡

200g/1200 日元（不含税）
本店标配组合咖啡，力求无论以何种方式冲泡都能保证绝佳口感。

选豆之道
"最大化地呈现咖啡的魅力，与顾客分享美好的口味与欣喜"。所有环节上都全力以赴，希望向客人传达咖啡美味背后的故事。

🕐 平日9:00-19:00、周末及节假日11:00-18:00　　🈺 每周三

店铺位于山、海、河川环抱中的濑户内地区的宁静田园之地。客人可在店内品尝以法压壶冲泡的各具特色的单品咖啡，并在相邻的咖啡豆专卖店挑选心仪的豆子。

📧 info@branchcoffee.jp　📮 〒799-1371 爱媛县西条市周布 426-2　☎ 0898-65-6646 FAX/0898-65-7221

在四万十川源头的美景中品味咖啡

A coffee to be enjoyed in the scenery of the "Shimannto river" stream.

Coffee Flag

📍 高知县梼原町

http://www.coffee-flag.jp/　🔘 可邮购

"柔和"组合咖啡

100g/481 日元（不含税）
苦味较轻、恰到好处的酸味与甜味完美中和、口味饱满的咖啡。

选豆之道
为适应顾客的不同喜好，店内提供从浅烘到深烘的约 20 种豆子供客人挑选。通过烘焙激发各种豆子的香味、酸味、苦味、甜味等特色，力求为顾客提供各种美味咖啡。

🕐 8:00-19:00　　🈺 每月第二、第四个周五

店铺坐落在四国喀斯特高原脚下的小城梼原町，是由夫妇二人创办的自家烘焙咖啡专卖店。客人在这里可以一边欣赏四万十川源头的美景，在清澈的空气中治愈疲惫的身心，一边享受现场烘焙的新鲜咖啡。

📧 shop@coffee-flag.jp　📮 〒785-0610 高知县高冈郡梼原町梼原 1155-6　☎ 0889-65-0580

四种烘焙火候下最好喝的咖啡

Providing the most delicious beans by each 4 different level of roast.

Café Glück

 福冈县久留米市

http://www.cafe-gluck.com/ 可邮购

店家从全球不同产地精心收集适合浅烘、中烘、中深烘、深烘的各品种生豆。为了避免豆子口味的波动，采购时优先选用供应稳定的品种。在烘焙前后，还会通过手工挑拣剔除缺陷豆，并根据各品种生豆的特色采用最为适宜的烘焙火候。烘焙师不仅定期对烘豆机进行精心维护，还会详细记录不同程序设置时豆子口感和风味的变化，不断提高烘焙技巧。

"Glück" 组合咖啡

100g/537 日元（不含税）
组合成分: 哥伦比亚苏帕帕摩咖啡豆、巴布亚新几内亚 AA 咖啡豆、危地马拉 SHB 咖啡豆。

推荐理由

中深度烘焙的招牌组合咖啡。酸味与苦味的中和良好、口感清爽，是最受顾客欢迎的商品。在口感纯净度方面，则首推中度烘焙的"也门摩卡咖啡豆"。这款豆子采用日晒法精制，虽然原生的野性口味有所减弱，却凸显出上等摩卡的质感，吸引熟客们趋之若鹜、一再光顾。

11:00-20:00　每周日、每月第二、第四个周三

2014 年开业的自营烘焙咖啡专卖店，距离西铁久留米站或 JR 久留米站步行约 15 分钟路程。新装修的店面洁净明亮，采用开放式格局。店名中的 Glück 在德语中意为"幸福"，店家希望能为顾客营造一个心情愉悦、充满幸福感的空间。

yanaga@cafe-gluck.com　〒830-0017 福冈县久留米市日吉町18-48　0942-27-7011

凝聚着生产者心血最佳品质的咖啡

All the producers' effort is condensed in the best quality coffee.

Adachi Coffee

◉ 福冈县久留米市

http://www.adachicoffee.com/　🚚 可邮购

"Adachi" 组合咖啡

200g/1130 日元 (不含税)
散发着樱桃、莓子般的果香与巧克力般的浓香。酸味与甜味完美中和，令人心情愉悦，是本店的招牌组合咖啡。

选豆之道

店主亲赴原产地，通过严谨的杯测精选出凝聚着生产者辛勤努力与热情的咖啡豆，并通过精心烘焙突出豆子的特质，在纯净的味道中呈现出绝妙的香气与酸味。

🕐 10:00-19:00　　休 不定期

店面位于自 JR 久留米站向外延伸的榉树林荫道上。街道两旁随季节而变化的林木景色，营造出充满治愈感的氛围。店家遵循自己独到的手法，对经过甄选而来的咖啡豆进行精心烘焙，旨在为顾客提供最佳品质的香气与味道。

✉ kurume@adachicoffee.com　　🏣 〒 830-0021 福冈县久留米市篠山町6-397-7　　☎ 0942-27-8205 FAX/0942-27-8206

通过交谈为顾客推荐最为适宜的咖啡

Suggesting the best choice coffee to the customer through the conversation.

山田咖啡・冲绳

◉ 冲绳县宜野湾市

http://www.miltoncoffee.com/　🚚 可邮购

"FUKAFUKA" 组合咖啡

200g/1030 日元 (不含税)
清爽而又甜美的深烘咖啡。略带苦味和果香，饱满的质感与后味微甜的余韵完美结合为一体。

选豆之道

优先选择带有优质酸味、透亮醇度并能承受深度烘焙的高品质生豆。在烘焙中，以不损失豆子的个性、完美呈现其原有的突出特点为原则，充分激发出其所蕴含的馥郁浓香。

🕐 10:00-19:00　　休 每周一

只销售经过严格甄选的优质咖啡豆，是冲绳品类最为丰富的咖啡豆专营店。店家十分注重与顾客的交流，并时刻注意根据顾客的喜好推荐最符合其口味的咖啡。

✉ yamcokinwan@gmail.com　　🏣 〒 901-2211 冲绳县宜野湾市宜野湾 3-17-3　　☎ 098-896-1908

195

①咖啡种子(咖啡豆)
②果肉
⑤外果皮
③黏液状的糖分(果胶)
④内果皮(羊皮纸)
⑥除去果肉后被称为"羊皮纸咖啡豆"时的状态
⑦银皮(羊皮纸与生豆中间的薄薄的一层)

咖啡果实与咖啡树

用来制作咖啡的生豆采摘自茜草科的常绿灌木"咖啡树",主要生长在非洲、亚洲、中美洲和南美洲赤道附近的热带地区。每当旱季结束,一场大雨过后,咖啡树便绽放出类似茉莉花一样的白色花朵。数日后,花朵凋谢,树木上开始长出果实。再历经半年之后,果实成熟,呈现出如同樱桃般的鲜红颜色,业界也因此将成熟咖啡果实称为"咖啡樱桃(coffee cherry)"。

剥离咖啡果实的果肉部分后,剩余的部分就是俗称的"羊皮纸咖啡豆"。它的外层是内果皮(羊皮纸)和银皮,其中内果皮的表面还覆盖着一层黏液状的糖分物质,将这些全部去除后,剩下的就是咖啡的种子,即用于烘焙的生豆。其中两粒为一组,背面较为平坦的种类被称为"平豆";另一种果肉内只有一粒种子的则被称为"圆豆",属于比较稀有的珍品。

咖啡树（阿拉比卡品种）

咖啡的花

散发着茉莉花般香气的白色花朵。开花时间因所在国家或地区而异，但大多会在每年被称为"花前雨"的雨后开放一到两次。

结果

白色的咖啡花授粉数日后便会枯萎凋谢。树枝上开始长出绿色的小小果实，在其后的六至八个月里，果实会逐渐地长大。

成熟（收获前）

最初为绿色的咖啡果实在成熟前会变成鲜红的颜色。因其颜色和形状非常接近樱桃，也被称为"咖啡樱桃"。另有部分品种的果实在成熟后会变为黄色。

将收获后的咖啡果实以流水浸泡一夜，进行浮选。由于密度的差异，过熟干瘪或腐烂的豆子会浮在水面上，基于这一原理，人们可以剔除水面上那些不合格的豆子。

生豆的生产加工

咖啡豆的生产加工是指去除"咖啡樱桃"的果肉和果皮,取出果实内的种子(即生豆)的过程,也称为"精制"。不同的咖啡产区所采用的精制方法有所不同,但大致可分为"日晒法"和"水洗法"两种。前者是先将收获后的咖啡果实自然晒干,之后再进行脱壳,从而直接制成生豆。这种方法简单易行,不需要专业的设备,但同时生豆中也容易混入过熟豆和异物等。

水洗法则先将咖啡果实在水槽中浸泡,通过浮选剔除熟豆和杂质后,再用脱壳机剥离果肉。脱壳后的部分随后被放入发酵池中进行发酵,以促使其表面的果胶产生分解,从而可以用清水将其洗掉。最后,借助自然晾晒,再脱去裹在生豆外面的内果皮。水洗法的工序较为繁杂,需要专门的设备和消耗大量用水,但采用这种方法生产的生豆纯净度很高,如今仍被大多数咖啡产出国所采用。此外,还有部分地区采用介于水洗和日晒两者之间的"湿刨法",以及印度尼西亚所特有的"苏门答腊式"精制法等。

将筛选好的咖啡果实用脱壳机制成羊皮纸咖啡豆

清洗羊皮纸咖啡豆

通过发酵去除果胶(黏液体)

在阳光下干燥,直到含水率约达到20%

干燥后进行脱壳,再经过手工挑选后装袋、准备出货

卡迪的传说

咖啡的发现与历史

关于古代的人们如何发现咖啡有很多说法，其中最有名的当属"牧羊人卡迪的故事"。传说在非洲的阿比西尼亚（即如今的埃塞俄比亚），牧羊人卡迪偶尔发现自己放牧的山羊在吞吃了某种红色果实后变得兴奋异常。他大感不可思议，前去请教修道院的僧侣，随后自己也试着品尝了一些这样的红色果实，结果发现自己也精神百倍、神采奕奕。后来，修道院每逢举办重要仪式时，也以这种果实熬煮汤汁，以便让僧侣们驱赶睡意。

在诞生这个故事的埃塞俄比亚，原本就生长着很多野生的咖啡树，如今它们都被视为咖啡的起源。最初被宗教界视为灵丹妙药的咖啡，不久便从烘焙技术已经相当发达的伊斯兰国家向全世界传播开去。印度、爪哇岛、中美洲等地都陆续开始种植咖啡，后来还传到了巴西。18世纪初，想要引进咖啡种植的巴西向邻国圭亚那派出了帕尔海达团长率领的外交使团。这位外交官在出使期间与当地的总督夫人陷入了恋情，于是便将自己出使的真正目的——带回咖啡苗木一事向总督夫人坦言相告。

于是,在他回国的时候,总督夫人便在赠给他的花束中悄悄地藏进了一些咖啡苗。从此,巴西便踏上了走向咖啡主要生产国的道路。

创作《咖啡康塔塔》的巴赫

帕尔海达先生将咖啡苗带回巴西

而在德国,保守的王室连民众饮用啤酒都横加禁止,国王更是早早就发布了对咖啡的禁令。对于这场因咖啡而引发的骚动,巴赫特地创作了《咖啡康塔塔》加以讽刺,后来竟成了广为流传的一段佳话。

咖啡在欧洲的普及始于 17 世纪。最先是由威尼斯传入,并获得了教皇的准许。而在法国,则是由当时的土耳其大使索利曼·阿格以土耳其咖啡的形式介绍给法国人,并迅速地在上流阶层之间流传开来。尤其是加入牛奶后制成的咖啡欧蕾更是大受绅士淑女们的追捧。

为日本培养数学家和医生的希波尔德

索利曼·阿格向路易十四进献咖啡

咖啡在日本的起源,则可追溯到闭关锁国时代,据称是从长崎的出岛传入。以希波尔德为代表的荷兰医生和兰学家向日本人介绍了咖啡的奇妙功效。到了明治时期,东京的银座一带陆续开设了许多咖啡馆,咖啡也逐渐渗透进日本的文化之中。

※ 参考资料 /UCC 咖啡博物馆综合指南《咖啡宝殿 1987》